上海市专业技术人员继续教育丛书
组织编写

低碳技术基础

DITAN JISHU JICHU

林昕　程竹华◎主编

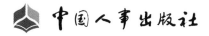

中国人事出版社

图书在版编目（CIP）数据

低碳技术基础 / 上海继续工程教育协会组织编写；林昕，程竹华主编 . -- 北京：中国人事出版社，2023

（上海市专业技术人员公需科目继续教育丛书）

ISBN 978-7-5129-1957-0

Ⅰ . ①低… Ⅱ . ①上…②林…③程… Ⅲ . ①节能–继续教育–教材 Ⅳ . ①TK018

中国国家版本馆 CIP 数据核字（2023）第 229059 号

中国人事出版社出版发行

（北京市惠新东街 1 号 邮政编码：100029）

*

北京市艺辉印刷有限公司印刷装订 新华书店经销

787 毫米 × 1092 毫米 16 开本 12.75 印张 197 千字

2023 年 12 月第 1 版 2023 年 12 月第 1 次印刷

定价：36.00 元

营销中心电话：400-606-6496

出版社网址：http://www.class.com.cn

序

实现碳达峰、碳中和，是党中央统筹国内国际两个大局做出的重大战略决策，是着力解决资源环境约束突出问题、实现中华民族永续发展的必然选择。

在这个充满挑战和变革的时代，低碳技术已经成为我们追求可持续发展的必然选择，是应对气候变化和环境问题的重要工具。低碳技术的广泛应用既会改变人们的生活方式，也会极大地影响专业技术人员的工作方法和创新思路。科学技术是第一生产力。低碳技术的应用和发展，需要不同领域专业技术人才的共同努力。为此，把低碳技术作为专业技术人员继续教育科目，是近阶段专业技术人才队伍建设的一个重要选项。

除了在节能减排、生态环境领域实施专业性继续教育外，现阶段还需要对各行各业的专业技术人员进行低碳技术的普及教育，使各领域的专业技术人员更好地了解低碳技术的原理和应用，从而在自己的专业领域为节能减排和可持续发展做出贡献。为此，我们请国家级专业技术人员继续教育基地（上海交通大学终身教育学院）牵头，编写了《低碳技术基础》，作为上海市专业技术人员继续教育公需科目的基本教材。

《低碳技术基础》教材旨在向专业技术人员全面介绍低碳技术的基础知识和应用，从低碳技术的时代背景和保障体系出发，深入探讨能源供给端、能源消费端及人为固碳端的绿色低碳技术路径，进而从实际应用出发，探究如何实现"双碳"目标下的能源供给端和能源消费端转型，最后展望了"双碳"愿景下的碳经济与绿色低碳社会。教材通过详尽的案例分析和可行的应用指南，帮助专业技术人员了解低碳技术的实际应用和推广。我们希望通过这一科目的学习，提醒专业技术人员建立应对气候变化的思维，在专业领域里更好地为可持续发展发挥力量，在实践中为节能减排、为生态环境建设做出贡献，同时投入低碳、健康的生活方式中。

推动上海市专业技术人才队伍建设和发展，是上海继续工程教育协会的办会宗旨之一。为配合"双碳"目标的实施，协会听取专家意见，确定组织编写《低碳技术基础》，并在上海市开设相应的专业技术人员继续教育公需科目培训。这得到了上海市人力资源和社会保障局的大力支持。上海各领域专家也对教材编写给予了积极的支持。

上海正在建设具有全球影响力的科技创新中心，各类人才是建设这一中心的主力军。作为人才队伍建设中的重要一环，继续教育可以为提高人才队伍总体水平、提升上海创新策源能力做出贡献。近年来，上海市专业技术人员继续教育工作发展迅速，全市形成了良好的继续教育环境。我们希望"低碳技术基础"公需科目课程及教材的推出，能积极推动专业技术人员继续教育的进一步发展，为上海建设具有全球影响力的科技创新中心做出贡献。

凌永铭

上海继续工程教育协会副理事长兼秘书长

2023 年 12 月

目　　录

第一章 "双碳①"战略的时代背景

人类社会进入工业化时代以来，以二氧化碳为主的温室气体的排放量迅速增加，使温室效应持续增强，导致全球平均气温不断上升，加剧了以变暖为主要特征的全球气候变化。气候变化对人类赖以生存的生态环境产生了破坏性的影响，导致海平面上升、生物多样性被破坏、极端气候事件频发等。控制以二氧化碳为主的温室气体的排放量以应对气候变化，已成为全球共识。气候变化是当今国际社会普遍关注的全球性问题。为应对气候变化，世界各国纷纷倡导低碳经济，提出碳中和目标。2020 年 9 月，在第 75 届联合国大会期间，我国提出将采取更加有力的政策和措施，二氧化碳排放力争于 2030 年前达到峰值，努力争取 2060 年前实现碳中和。这是我国首次明确提出"双碳"目标。"双碳"目标是我国基于推动构建人类命运共同体的责任担当和实现可持续发展的内在要求而做出的重大战略决策，是我国加快生态文明建设和实现高质量发展的重要抓手。为推动"双碳"目标的实现，我国已经构建起目标明确、分工合理、措施有力、衔接有序的"双碳""1+N"政策体系，初步形成各方面共同推进的良好格局，全方位支撑"双碳"工作扎实有序推进。

1.1 应对全球气候变化的共识

1.1.1 全球气候危机现状

工业革命以来，社会经济高速发展，大量二氧化碳等温室气体随着人

---

① "双碳"是碳达峰和碳中和的简称。碳达峰是指在某一个时点，二氧化碳的排放达到峰值不再增长，之后逐步回落；碳中和是指某个地区在一定时间内人为活动直接和间接排放的二氧化碳等温室气体，通过植树造林、节能减排等形式回收，实现净零排放。

类的生产经营活动被排放到大气中，使全球气温不断升高。联合国政府间气候变化专门委员会（IPCC）发布的第六次评估报告显示，1850—2019年，全球人类活动累计排放温室气体约 2.4×10^{12} t 二氧化碳当量，其中超过一半（约58%）是在 1850—1989 年排放的，约有 42% 是在 1990—2019年排放的；2011—2020 年全球平均气温比 1850—1900 年（工业化前）水平上升了 1.09 ℃，预计 2021—2040 年全球平均气温将较工业化前水平上升 1.5 ℃。世界气象组织于 2022 年 10 月 26 日发布的《2021 年全球温室气体公报》显示，全球大气主要温室气体浓度继续突破有仪器观测以来的历史记录，二氧化碳浓度达到 415.7 ± 0.2 ppm。气候变化正在以多种不同的形式影响整个自然生态系统和人类的社会生活，包括加剧水循环、影响水质、威胁生物多样性、影响粮食生产和人类健康等。

如图 1-1 所示，水循环是一个自然现象，包括降水、蒸发（蒸腾）、径流、水汽输送等环节。这些环节不断地循环确保了人类和动植物生存环境的稳定。然而，全球气候变暖，蒸发量变大，全球区域降水量和降水分布格局发生了改变，导致全球范围内降水极端事件发生的频率与强度大大增加，如更具破坏性的洪涝与干旱。此外，由于地表径流量减少，水无法正常流动，内部杂质难以分解与沉淀，水质也明显下降。

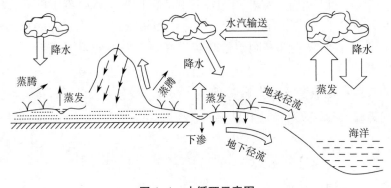

图 1-1　水循环示意图

生物多样性是生物与环境形成的生态复合体及与此相关的各种生态过程的总和，包括生态系统多样性、物种多样性和基因多样性 3 个层次。生物多样性使地球充满生机，也是人类生存和发展的基础。对植物而言，气候变暖会改变荒漠植物的分布，长期干旱会导致荒漠植物的大面积死亡，此外，气候变暖还会导致习惯生长在寒冷地区的森林植物向更寒冷的地区迁移，冻原中草本和地衣植物的丰富度也会随之发生改变。对动物而言，气候变化会直接影响动物的栖息地范围、繁殖过程、代谢速度、存活率等。IPCC 推断，若全球气温继续上升，必将引起全球生物多样性的丧失。值得注意的是，生物多样性的丧失还会反过来加剧气候变化。

气候变化也会间接影响全球粮食生产。气候变暖导致全球高纬度地区变暖，中低纬度地区"谷物带"则遭受了干旱，继而使得高纬度地区农作物产量增加，中低纬度地区粮食生产力大大降低。但由于高纬度地区农作物产量的增长量低于中低纬度地区农作物产量的减少量，因此总体来说，世界粮食生产力水平下降。

中国气象局的研究报告指出，气候变暖对于人类健康的影响是全方位、多层次的。气候变暖会使得热浪冲击频繁或是严重程度增加。持续的高温使细菌、病毒、寄生虫更加活跃，会使人体免疫力和抵抗力降低，诱发心脏、呼吸系统等疾病。气候变暖还会加快大气中化学污染物之间的光化学反应速度，造成光化气雾等有害氧化剂增加，诱发眼睛炎症、支气管哮喘等疾病。同时，全球气候变暖也会直接或间接推动某些媒介传染病的传播。气候变暖引起气候带的改变，热带的范围扩大，会使某些虫媒疾病传播范围扩大。不论是人类还是人类赖以生存的环境都正因为全球气候变化遭受着前所未有的威胁。

1.1.2 应对气候变化的重要国际法律文件

从 20 世纪 90 年代起，世界各国就一直在为应对气候变化而努力，先后出现了应对全球气候变化的 3 个具有里程碑意义的国际法律文件，分别是《联合国气候变化框架公约》（UNFCCC，以下简称《公约》）、《京都议定书》及《巴黎协定》。这 3 个文件为全球温室气体减排奠定了法律基础，指明了发展路径。

1.《联合国气候变化框架公约》

（1）《公约》的由来

20 世纪 80 年代，全球气候变暖问题逐渐受到国际社会关注，各国开始采取各种措施防止气候问题进一步恶化。1988 年，在加拿大多伦多召开了主题为"变化中的大气：全球安全的含义"的国际会议，会议提出：全球气候变化是人类不断扩大能源消费等活动造成的，需要各国通过政治行动来制订解决问题的行动计划。本次会议还提出倡议：力争到 2005 年全球二氧化碳排放量比 1988 年减少 20%，到 2050 年减少 50%；制定一个旨在保护大气的全球范围的公约框架；设立一个全球气候基金，由工业化国家通过征收化石能源消耗税为该基金提供资金。

受多伦多会议倡议的影响，气候变化问题得到了国际社会高度重视。1988 年 9 月，气候变化问题首次成为联合国大会的议题。同年，世界气象组织（WMO）和联合国环境规划署（UNEP）联合建立了 IPCC。其主要任务是对气候变化科学知识的现状，气候变化对社会、经济的潜在影响，以及适应和减缓气候变化的可能对策进行评估。1990 年 8 月，在瑞典召开了 IPCC 成员会议，会议通过了 IPCC 第一份评估报告，该报告指出"过去一个世纪内，全球平均气温上升了 0.3～0.6 ℃，海平面及大气中温室气体浓度也均有不同程度的上升。如果不对温室气体的排放加以控制，到 21 世纪末全球平均气温将较工业革命前水平高出 4 ℃"。同年 10 月 29 日至 11 月 7 日，第 2 届世界气候大会在瑞士日内瓦举行，会议通过《部长宣言》，呼吁各国政府立即采取措施，保护全球气候。同年 12 月，第 45 届联合国大会决定设立气候变化框架公约政府间谈判委员会（INC/FCCC），开展气候变化公约谈判。INC/FCCC 在 1991 年 2 月至 1992 年 5 月共组织了 5 次会议，参加谈判的 154 个国家和地区代表最终于 1992 年 6 月在巴西里约热内卢举行的联合国坏境与发展大会上签署了《公约》。《公约》于 1994 年 3 月 21 日正式生效。截至 2023 年 7 月，《公约》共有 198 个缔约方，我国全国人大常委会于 1992 年 11 月 7 日正式批准了《公约》。

（2）《公约》的主要内容

作为世界上第一个为全面控制温室气体排放、应对气候变暖缔结的国际公约，《公约》为全球各国进行气候变化国际合作构建了基本框架。《公约》确立了应对气候变化的最终目标，即将大气中温室气体浓度稳定在防止气候系统受到危险的人为干扰的水平上。

同时，《公约》确立了国际合作应对气候变化的基本原则，主要包括"共同但有区别的责任"原则、公平原则、各自能力原则和可持续发展原则。《公约》明确发达国家应承担率先减排和向发展中国家提供资金和技术支持的义务。《公约》承认发展中国家有消除贫困、发展经济的优先需要。

2.《京都议定书》

1997 年 12 月，《公约》第 3 次缔约方大会在日本京都举行。149 个国家和地区的代表通过了旨在限制发达国家温室气体排放量以抑制全球变暖的《京都议定书》。《京都议定书》是《公约》的补充条款，于2005年2月16日正式生效，首次以法规的形式限制温室气体排放。截至2023年7月，《京都议定书》共有192个缔约方。我国于1998年5月签署并于2002年8月核准了《京都议定书》。2012年，多哈会议通过包括部分发达国家第二承诺期量化减限排指标的《〈京都议定书〉多哈修正案》。第二承诺期为期8年，即2013年1月1日至2020年12月31日。

《京都议定书》核心内容为：在第一个承诺期（2008—2012年），发达国家的温室气体排放量要在1990年的基础上至少减少5.2%；在第二个承诺期（2013—2020年），发达国家的温室气体排放量要在1990年的基础上至少减少18%。此外，《京都议定书》建立了3种旨在减排温室气体的灵活合作机制，即国际排放贸易机制（IET）、清洁发展机制（CDM）和联合履行机制（JI）。其中，IET、JI 2种机制是发达国家之间实行的减排合作机制。IET是指发达国家之间交易或转让排放额度（AAU），使超额排放国家可以通过购买节余排放国家的多余排放额度完成减排义务。JI是指发达国家之间通过项目级合作实现排减单位（ERU）交易和转让，帮助超额排放的国家实现履约义务。CDM是指发达国家通过提供资金支持或者技术援助等方式，与发展中国家开展减少温室气体排放的项目级合作，合作所实现的减排量被核实认证后，成为核证减排量（CER），可用于发达国家履约。

3.《巴黎协定》

2015年12月12日，《公约》近200个缔约方在巴黎气候变化大会上一致同意通过《巴黎协定》，为2020年后全球应对气候变化行动做出安排。这标志着全球应对气候变化进入新阶段。截至2023年7月，《巴黎协定》签署方达195个，缔约方达195个。我国于2016年4月签署《巴黎协定》，并于2016年9月批准《巴黎协定》，成为第23个批准《巴黎协定》的缔约方。《巴黎协定》于2016年11月4日正式生效。

《巴黎协定》主要内容包括：①各方加强对气候变化威胁的全球应对，把全球平均气温较工业化前水平升高幅度（简称温升）控制在2 ℃之内，并为把温升控制在工业化前水平以上1.5 ℃之内而努力。全球将尽快实现温室气体排放达峰，21世纪下半叶实现温室气体净零排放。②各国应制定、通报并保持其"国家自主贡献"，通报频率是每五年一次。新的贡献应比上一次贡献有所加强，并反映该国可实现的最大力度。③要求发达国家继续提出全经济范围绝对量减排目标，鼓励发展中国家根据自身国情逐步向全经济范围绝对量减排或限排目标迈进。④明确发达国家要继续向发展中国家提供资金支持，鼓励其他国家在自愿基础上出资。⑤建立"强化"的透明度框架，重申遵循非侵入性、非惩罚性的原则，并为发展中国家提供灵活性。透明度的具体模式、程序和指南将由后续谈判制订。⑥每5年进行定期盘点，推动各方不断提高行动力度，并于2023年进行首次全球盘点。

1.1.3　碳中和概念的提出

碳中和概念问世于20世纪90年代末期，最初主要指个体及组织通过购买碳汇、植树造林等方式实现自身的净零碳排放。目前，国际社会广泛热议、在全球及国家层面提出的碳中和目标，与全球气候治理进程密切相关，直接起源于《巴黎协定》和IPCC相关报告。IPCC特别报告指出，要实现《巴黎协定》规定的温升控制在工业化前水平以上2 ℃和1.5 ℃之内的目标，全球分别要在2070年左右和2050年左右实现碳中和。

1.2　世界各国的碳中和目标与计划

截至目前，已有140多个国家和地区提出了碳中和目标（见表1-1），实现绿色可持续发展已经成为全世界的广泛共识。

表1-1　世界各国和地区碳中和目标

国家（地区）	碳中和目标
美国	2030年实现温室气体排放量较2005年减少50%～52% 2035年实现100% 零碳污染电力 2050年实现净零碳排放
欧盟	2050年实现碳中和
日本	2030年实现温室气体排放量较2013年减少46% 的中期目标 2050年实现碳中和
韩国	2050年实现碳中和
中国	2030年实现碳达峰 2060年实现碳中和

1.2.1 美国的碳中和目标与计划

2021年11月，美国发布了《美国长期战略：2050年实现净零温室气体排放的路径》（以下简称《美国长期战略》），为美国净零碳排放提供基础框架和战略指导，且为未来温室气体减排工作指明了方向。《美国长期战略》核心内容可以用"三个时间节点、四大战略支柱、五个关键转型和四大效益"来概括。

1. 三个时间节点

第一个时间节点是2030年，也是美国承诺的国家自主贡献目标年。美国承诺到2030年，美国温室气体排放量较2005年减少50%~52%。为实现这一目标，美国2025年的总排放量至少要下降到5×10^9 t二氧化碳当量，2030年的总排放量则至少要下降到$3.2 \times 10^9 \sim 3.3 \times 10^9$ t二氧化碳当量。第二个时间节点是2035年，美国承诺该年实现100%零碳污染电力。该目标与能源消费端电气化息息相关，是实现2030年和2050年目标的关键技术路径。第三个时间节点是2050年，美国承诺该年实现净零碳排放，并承诺会将联邦政府在气候和清洁能源方面投资获得收益的40%分配给弱势社区。

2. 四大战略支柱

如图1-2所示，联邦政府领导力、技术创新、州和地方政府领导力、全社会范围内的行动将是美国实现净零碳排放目标的四大战略支柱。联邦政府领导力对美国实现净零碳排放目标至关重要，主要体现在对在所有行业采用新技术予以投资与激励政策支持，制定提升和支持自然和公共用地的政策，支持建立催生市场转型的伙伴关系，提高气候与融资市场的整合

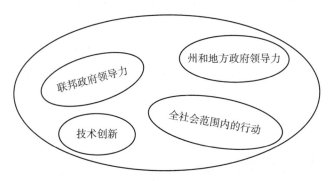

图1-2 美国实现净零碳排放目标的四大战略支柱

程度，制定和贯彻相关法规。技术创新是指通过规模经济和边做边学的方式降低净零碳排放技术的部署成本，将零碳技术从实验室推广到生产基地和市场。州和地方政府领导力是指联邦政府需要与州政府、地方政府建立合作机制，各层级政府组织积极支持美国气候行动。全社会范围内的行动是美国实现净零碳排放目标最关键的支柱，要通过广泛参与、持续创新的全方面行动推动净零碳排放目标的实现。

3. 五个关键转型

（1）电力系统 100% 脱碳

近年来，受联邦和地方政策支持、消费需求增长，以及太阳能和风能成本不断下降的影响，美国正在快速推进电力系统脱碳。

（2）终端用能电气化和清洁能源替代

美国正在推动终端用能电气化；同时，在航空、船运等用能电气化存在困难的领域，优先使用氢能源、可持续生物燃料等清洁能源。

（3）节能与提升能效

美国通过采用高效的设备、新老建筑的综合节能和可持续制造过程等措施来实现节能与提升能效。

（4）减少甲烷等非二氧化碳温室气体的排放

美国及加入"全球甲烷承诺"的合作伙伴将在 2030 年前将甲烷排放量减少 30%。美国还将鼓励研发深度减排的创新技术。

（5）实施大规模土壤碳汇和工程脱碳策略

美国需要通过实施大规模土壤碳汇和工程脱碳策略，从大气中移除二氧化碳，以实现净零碳排放。

4. 四大效益

实现净零碳排放将从 4 个方面造福美国社会。

（1）提升公众健康水平

通过使用清洁能源减少空气污染，到 2030 年能避免美国 8.5 万～30 万人过早死亡，减少 1 500 亿～2 500 亿美元的损失，到 2050 年能减少 1 万亿～3 万亿美元的损失。

（2）促进经济增长

投资新型清洁产业将提升美国的竞争力，并促进经济持续增长。

（3）增强气候安全

美国采取行动应对气候变化，能够尽可能避免气候变化引发的干旱、洪水等灾害带来的人员伤亡与社会冲突。

（4）提高生活质量

美国实现净零碳排放能够从根本上改善人们的生活方式，提高人们的生活质量。

1.2.2 欧盟的碳中和目标与计划

欧盟是全球温室气体排放量最大的经济体之一，其历史累计温室气体排放量约占世界总量的25%。同时，欧盟是全球温室气体减排的先驱，是《巴黎协定》的坚定维护者和履约者，也是全球率先提出碳中和目标的经济体，已经建立了较完善的碳中和政策框架体系。其制订的一系列碳中和计划和目标始终与《巴黎协定》保持一致，为我国构建适合我国国情的碳中和政策体系提供了借鉴。

2018年11月，欧盟委员会首次提出了2050年实现碳中和的愿景；2019年3月与12月，欧洲议会与欧洲理事会相继批准该愿景的提案。为实现碳中和目标，欧盟发布了一系列政策文件（见表1-2）。2019年12月，欧盟委员会发布了《欧洲绿色协议》，提出了欧盟迈向碳中和的行动路线图和七大重点领域行动路径。2020年3月，欧盟委员会通过了《欧洲气候法》提案，旨在从法律层面确保欧盟到2050年实现碳中和。2021年7月，欧盟委员会发布了"减碳55"（Fit for 55）一揽子计划，包括13项具体立法提案，并承诺到2030年欧盟温室气体排放量较1990年减少55%的目标。2023年4月18日，欧盟议会批准了"减碳55"一揽子计划中数项关键立法提案，包括改革碳排放交易体系、修订碳边境调整机制相关规则及设立社会气候基金；4月25日，欧盟理事会通过了涉及欧盟碳排放交易体系、航运排放、航空排放、碳边境调整机制和社会气候基金等的5个应对气候变化的一揽子立法提案，根据新规，欧盟碳排放交易体系覆盖的行业到2030年的温室气体总排放量应较2005年减少62%。

表1-2 欧盟主要碳中和政策文件

公布时间	发布机构	文件名	主要内容
2019年12月	欧盟委员会	《欧洲绿色协议》	提出欧盟迈向碳中和的行动路线图和七大重点领域行动路径
2020年3月	欧盟委员会	《欧洲气候法》	从法律层面确保欧盟2050年实现碳中和

公布时间	发布机构	文件名	主要内容
2021年7月	欧盟委员会	"减碳55"一揽子计划	包括13项具体立法提案 2030年欧盟的温室气体排放量将比1990年减少55% 完善碳排放交易体系,到2030年实现碳排放交易体系覆盖行业的温室气体排放量比2005年减少61%
2023年4月	欧盟议会	"减碳55"一揽子计划	批准了改革碳排放交易体系、修订碳边境调整机制相关规则及设立社会气候基金等立法提案
	欧盟理事会		通过了涉及欧盟碳排放交易体系、航运排放、航空排放、碳边境调整机制和社会气候基金等的5个应对气候变化的一揽子立法提案 欧盟碳排放交易体系覆盖的行业到2030年的温室气体总排放量应较2005年减少62%

欧盟为实现碳中和目标,制定了在其产业背景下的具体发展路径及策略,具体包括以下6个方面。

1. 收紧欧盟碳排放交易体系

欧盟将废除自愿减排市场抵消机制,执行市场稳定储备机制,将航运排放纳入碳排放交易体系,计划逐步取消针对欧盟内部企业的免费碳排放配额,到2034年完全取消。

2. 发展清洁能源体系

2020年7月,欧盟发布了《欧盟氢能战略》,提出了长期发展氢能的战略发展目标,规划了欧盟未来30年全面的投资计划,包括对制氢、储氢、运氢的全产业链及现有天然气基础设施、碳捕集和封存技术等的投资,同时明确了欧盟的首要任务是开发出主要利用风能和太阳能生产的可再生氢。2020年11月,欧盟发布《离岸可再生能源战略》,为欧盟设定了到2050年海上风电总装机容量达到300 GW的目标,全面推进海上风电开发。

3. 减少建筑碳排放,打造绿色建筑

欧盟委员会2020年发布了"革新浪潮"倡议,提出到2030年所有建筑实现近零能耗。法国设立了改造工程补助金，用于资助民众将 700 万套高能耗住房改造为低能耗建筑；德国于 2020 年 11 月 1 日生效的《建筑物能源法》明确了用基于可再生能源有效运行的新供暖系统代替旧供暖系统的要求，并通过设立联邦节能建筑基金为节能建筑和节能改造提供免税与信贷支持。

4. 减少交通运输业碳排放，布局新能源交通工具

欧盟积极推广新能源汽车等碳中性交通工具及相关基础设施，推动交通运输系统数字化。欧盟计划通过"连接欧洲设施"基金向 140 个关键运输项目投资 22 亿欧元。欧盟计划在欧洲范围内依靠数字技术建立统一票务系统，扩大交通管理系统范围，强化船舶交通监控和信息系统，提高能效；在城市交通方面，加强部署智能交通系统，运用 5G 网络和无人机，推动交通运输系统的数字化和智能化。

5. 减少工业碳排放，发展循环经济

2020 年 3 月，欧盟委员会通过了新版《循环经济行动计划》，拟于 2023 年年底前推出 35 项政策立法建议，全面推动循环经济发展。其核心内容是将循环经济理念贯穿产品整个生命周期，其中针对电子产品、电池和汽车、包装、塑料及食品，出台了欧盟循环电子计划、新电池监管框架、包装和塑料新强制性要求及减少一次性包装和餐具的要求，旨在提升产品循环使用率，减少欧盟的"碳足迹"。

6. 加强废物处理领域低碳化

欧盟计划于 2024 年出台垃圾填埋相关法律，最大限度地减少垃圾中的生物降解废弃物。

1.2.3 日本的碳中和目标与计划

日本曾经在气候变化议题上发挥过全球引领作用并且始终与欧盟一起站在推动碳中和事业的前沿。1992 年 6 月，日本签署了《公约》，并于 1993 年 5 月批准了《公约》。1997 年，《公约》第 3 次缔约方大会通过了以日本城市命名的《京都议定书》。2020 年 10 月，日本宣布了 2050 年实现碳中和的目标。2021 年 4 月，日本提出力争 2030 年温室气体排放量比 2013 年减少 46%，并将朝着减少 50% 的目标努力；同年 5 月，日本国会参议院正式通过修订后的《全球变暖对策推进法》，以立法的形式明确了日本政府提出的到 2050 年实现碳中和的目标，该法于 2022 年 4 月正式施行，这是日本首次将温室气体减排目标写进法律。

为达成 2050 年实现碳中和的目标，2021 年 6 月，日本政府将其在 2020 年 12 月发布的《绿色增长战略》更新为《2050 碳中和绿色增长战略》（以下简称《战略》）。新版《战略》指出，须大力加快能源和工业部门的结构转型，通过调整预算、税收优惠、建立金融体系、进行监管改革、制定标准、参与国际合作等措施，推动企业进行大胆投资和创新研发，实现产业结构和经济社会转型。

《战略》推出了 5 个方面的政策工具以支持日本碳中和目标的实现。

1. 预算方面

日本政府设立了 2 万亿日元的绿色创新基金，该基金将在 2030 年前对碳中和社会和产业竞争力基础领域进行资助。日本政府预测该基金可以撬动企业 15 万亿日元的研究开发和设备投资。

2. 税制方面

日本政府建立了促进碳中和投资和研究的税收优惠制度，会给予合规项目一定的税收优惠。企业基于已获国家认定的项目计划，对燃料电池、海上风电等促进去碳化的设备投资，可最多抵扣企业所得税额的 10%。

3. 金融方面

日本政府建立碳中和转型金融体系，设立长期资金支持机制和成果联动型利息优惠制度。日本央行也会对向去碳化企业提供贷款的金融机构予以利息优惠，向采用新制度的金融机构以零利率提供贷款资金。

4. 监管改革与规范化方面

日本政府加强环境监管与碳市场、碳税等制度建设，鼓励优先使用低碳或无碳技术，制定适合新技术的法规，制定减排技术相关国际标准，并将标准推向国际。

5. 国际合作方面

日本政府在创新政策、重要领域技术标准化、规则制定等方面与欧美国家加强合作，也会同新兴国家与国际组织开展双边和多边合作。

《战略》还确定了海上风电产业、氨燃料产业、氢能产业、核能产业、汽车和蓄电池产业、半导体和通信产业、资源循环产业等 14 个产业的发展目标和重点发展任务，以确保日本在 2050 年实现碳中和。

1.2.4 韩国的碳中和目标与计划

2020 年 7 月，韩国政府将"实现碳中和"列为"韩版新政"三大目标之一，迈出了韩国向碳中和国家转型发展的第一步。为积极应对碳中和这一时代命题，同年 12 月，韩国发布"2050 碳中和宣言"，向世界承诺 2050 年实现碳中和。为了更好地在国家层面总体协调相关政策措施，韩国于 2021 年 5 月专门设立了总统直属机构 2050 碳中和绿色发展委员会。2021 年 8 月，韩国国会通过了《碳中和与绿色增长法》，提出到 2030 年将温室气体排放量在 2018 年的水平上减少 35% 或更多，即将温室气体排放量从 2018 年记录的 7.276×10^8 t 至少减少到 4.72×10^8 t。2023 年 3 月，韩国环境部和 2050 碳中和绿色发展委员会发布"第一次国家碳中和·绿色发展基本规划"（2023—2042 年）政府方案，提出韩国力争到 2030 年将国家温室气体排放量在 2018 年的水平上减少 40%，工业部门的减排目标为 2030 年排放量较 2018 年减少 11.4%；2023—2027 年将在碳中和产业核心技术研发、零碳能源发展与绿色转型升级、电动汽车和氢能汽车补贴等方面投入 89.9 万亿韩元的预算。

1.2.5 碳中和行动对各国政治经济的影响

1. 碳中和行动对各国政治的影响

随着《巴黎协定》的全面实施，碳中和正从全球共识向全球一致行动推进，在全球范围内掀起一场经济、技术变革，对各国政治也正在产生重要影响。气候变化问题是全球共同面临的挑战，应对气候变化是各国的共同责任。全球能源低碳转型、技术和产业绿色革新是一个长期、渐进的过程，转型之中的阵痛将必然存在，也将给全球碳中和愿景带来很多不确定性。

全球各国的国情各异，经济和社会发展程度差异很大，各国碳中和承诺也存在差异。因此，碳中和行动面临政策与认知、技术与资源、资本与市场、政治与社会、国际合作等诸多方面的挑战。目前，欧盟、美国、英国、新西兰、日本等已将碳中和目标写入法律，有些国家还明确提出了实现碳中和目标的可行路径。而新兴经济体发展水平差距较大，多数处于碳排放上升阶段，大多仅做出目标年和目标范围的承诺。我国作为全球最大的发展中国家，正在践行碳中和行动，影响并积极推动着全球碳中和的实现。

碳中和行动是一项关系经济社会发展的社会系统工程。当前国际政治环境的不确定性，可能会带来新一轮国际政治竞争，各国可能会在技术、贸易、金融、标准、规则等方面制定利于本国的政策，可能会带来新的贸易规则，资本和技术壁垒，国际治理、国际话语权等方面的国际博弈。因此，各国从政治角度应保持中立，以共同利益为基础，加强国际合作，共同应对全球气候变化，共同推进全球碳中和行动。

2. 碳中和行动对各国经济的影响

碳中和行动对各国经济的影响也是多重的，有些影响是正面的，有些影响是负面的。一方面，清洁能源产业、节能环保产业等绿色产业的投资增长，以及内生技术创新带来的新能源成本的下降与效率的提升都是碳中和道路上促进经济增长和绿色转型的重要推动力。另一方面，高碳行业转型带来的棕色资产搁浅、降碳成本攀升和传统行业失业率走高则是无法忽视的负面影响。这些变量对经济的影响具体如何，取决于各个经济体的产业结构、资源禀赋、进出口结构等。

1.3 我国的"双碳"战略

1.3.1 我国应对气候变化的大国担当

气候变化是全人类共同面临的挑战，与人类生活的可持续发展息息相关。我国作为世界上最大的发展中国家，一贯高度重视应对气候变化工作，始终坚定走绿色低碳发展之路。2021 年 10 月，我国《公约》国家联络人向《公约》秘书处正式提交了《中国落实国家自主贡献成效和新目标新举措》（以下简称《自主贡献》）和《中国本世纪中叶长期温室气体低排放发展战略》（以下简称《长期战略》）。这是我国履行《巴黎协定》的具体举措，体现了我国推动绿色低碳发展、积极应对全球气候变化的决心和努力。

在《自主贡献》中，我国提出新的国家自主贡献目标："二氧化碳排放力争于 2030 年前达到峰值，努力争取 2060 年前实现碳中和。到 2030 年，中国单位国内生产总值（GDP）二氧化碳排放将比 2005 年下降 65%以上，非化石能源占一次能源消费比重将达到 25% 左右，森林蓄积量将比

2005 年增加 60 亿立方米，风电、太阳能发电总装机容量将达到 12 亿千瓦以上。"在《长期战略》中，明确了我国对 21 世纪中叶长期温室气体低排放发展的基本方针，明确了经济体系、能源体系、工业体系、城乡建设、综合交通运输体系、非二氧化碳温室气体管控等领域的战略愿景、重点导向和实施路径；还提出了坚持公平合理、坚持合作共赢、坚持尊重科学、坚持信守承诺的全球气候治理理念与主张，对国际社会携手应对气候变化发出倡议。

2021 年，为指导和统筹做好碳达峰碳中和工作，中央层面专门成立碳达峰碳中和工作领导小组；同时，各省（区、市）也陆续成立碳达峰碳中和工作领导小组，加强地方碳达峰碳中和工作统筹。为推动如期实现碳达峰碳中和目标，我国已建立起碳达峰碳中和"1+N"政策体系，制定中长期温室气体排放控制战略，推进全国碳排放权交易市场建设。其中，"1"是我国实现碳达峰碳中和的指导思想和顶层设计，由 2021 年发布的《中共中央 国务院关于完整准确全面贯彻新发展理念做好碳达峰碳中和工作的意见》和国务院印发的《2030 年前碳达峰行动方案》两个文件共同构成，明确了碳达峰碳中和工作的时间表、路线图、施工图。"N"是重点领域、重点行业实施方案及相关支撑保障方案，包括能源、工业、城乡建设、交通运输、农业农村等重点领域实施方案，煤炭、石油天然气、钢铁、有色金属、石化化工、建材等重点行业实施方案，以及科技支撑、财政支持、统计核算、人才培养等支撑保障方案。

1.3.2 我国"双碳"目标发展情况

党的十八大以来，我国贯彻新发展理念，将积极应对气候变化摆在了国家治理更加突出的位置，以最大努力加大应对气候变化力度，推动经济社会发展全面绿色转型。2022 年 11 月我国《公约》国家联络人向《公约》秘书处正式提交的《中国落实国家自主贡献目标进展报告（2022）》（以下简称《进展报告（2022）》）显示，我国重点领域控制温室气体排放取得了新成效，经初步核算，2021 年我国碳排放强度比 2020 年降低 3.8%，比 2005 年累计下降 50.8%；能源绿色低碳转型提速，2021 年，非化石能源占能源消费比重达到 16.6%，风电、太阳能发电总装机容量达到 6.35×10^8 kW，单位 GDP 煤炭消耗显著降低；生态系统碳汇巩固提升，截至 2021 年年底，全国森林覆盖率达到 24.02%，森林蓄积量达到

$1.949\ 3 \times 10^{10}\ m^3$。

1. 低碳产业体系不断发展

近年来，我国稳步推进新能源、新能源汽车、绿色环保等产业集群的建设，支持工业绿色低碳高质量发展，建设绿色制造体系。《中国应对气候变化的政策与行动2022年度报告》显示，2021年规模以上工业中，高技术制造业增加值比上年增长18.2%，占规模以上工业增加值的比重为15.1%；新能源汽车产量367.7万辆，比上年增长152.5%；光伏组件产量约182 GW，连续15年居全球首位；节能环保产业产值超8万亿元，年增速10%以上，战略性新兴服务业企业营业收入比上年增长16.0%，高技术产业投资比上年增长17.1%。

2. 工业领域持续提质增效

在"双碳"目标的驱动下，我国工业能效水平、清洁生产水平均有了明显的提升。根据相关测算，2021年单位GDP能耗比上年下降2.7%，规模以上工业单位增加值能耗下降了5.6%，共有23家钢铁企业约1.45×10^8 t粗钢产能完成全流程超低排放改造，5.4×10^8 t左右粗钢产能正在实施超低排放改造。《进展报告（2022）》显示，我国已基本构建起绿色制造体系：截至2021年，研究制定了468项节能与绿色发展行业标准，打造了662家绿色工厂、989种绿色设计产品、52家绿色工业园区和107家绿色供应链企业；聚焦轻工、纺织、建材、化工、电器电子等行业，培育了117家工业产品绿色设计示范企业；培育了430家节能环保类专精特新"小巨人"企业，有效带动中小企业提升绿色低碳创新能力。

3. 城乡建设绿色低碳水平持续提升

"双碳"目标推动了城乡建设和管理模式的低碳转型。为了进一步打造低碳宜居的生活环境，我国对全国59个样本城市全面开展了城市体检，以查找城市在应对气候变化方面存在的问题和短板；大力推广生物质能、太阳能等绿色用能模式，减少农业农村生产生活化石能源的消费。此外，我国还积极在城乡推广建设节能低碳建筑，制定并发布了建筑节能与绿色建筑发展规划和建筑节能国家标准。截至2021年年底，城镇太阳能光热建筑应用面积达到5.07×10^9 m^2，浅层地热能建筑应用面积达到4.7×10^8 m^2，太阳能光伏发电建筑应用装机1.816×10^7 kW，城镇可再生能源替代率达6%，节能建筑占城镇民用建筑面积比例超过63.7%。

4. 绿色低碳交通体系建设步伐加快

交通运输是支撑我国实现碳中和目标的关键领域之一，为进一步优化调整运输结构，我国积极推进多式联运发展。2020 年年底，环渤海地区、山东省、长三角地区沿海主要港口煤炭集港已改由铁路或水路运输，矿石采用铁路、水运和皮带机疏港的比例达到 61.3%。为了推动低碳出行，我国大力推广节能低碳型交通工具，加大新能源汽车在城市公交、出租汽车等领域的推广应用力度，全国新能源公交车占比超过 71%。我国开展城市绿色货运配送示范工程创建工作，截至 2021 年年底，16 个示范城市和 30 个示范工程创建城市累计新增新能源物流配送车辆 12 万辆，累计建成各类充电基础设施 261.7 万台。同时，我国深入推进柴油货车淘汰，如期完成既定淘汰任务。

5. 农业减排增效行动积极开展

我国大力推动种植业、畜牧业及渔业节能减排。在种植业，我国积极推广水稻高产低排放技术，降低稻田甲烷排放。2020 年，全国化肥用量与 2015 年相比降幅达 12.8%；三大粮食作物化肥利用率达到 40.2%，比 2015 年提高 5 个百分点。在畜牧业，我国致力于提升畜禽粪污资源化利用水平，2021 年共支持 96 个县推进畜禽粪污资源化利用，建设粪污密闭处理和粪肥还田等基础设施。在渔业，我国已建设国家级海洋牧场示范区 136 个，投放人工鱼礁超过 2 093 万空 m^3[①]，用海面积超过 2 336 km^2。此外，我国还积极推动农机的节能减排。2021 年，中央财政投入补贴资金 2.66 亿元以优化农机装备结构，促进农机的安全生产和节能减排。

6. 绿色低碳全民行动蔚然成风

为了推动全社会层面积极参与绿色低碳行动，我国政府一直积极引导，长期开展"全国节能宣传周""全国低碳日""六五环境日"等一系列活动，向社会大众宣传绿色低碳理念，普及绿色低碳知识。为进一步激励全社会参与碳减排活动，我国建立了开创性的自愿减排机制——碳普惠，即通过方法学及场景设计，对小微企业与社会公众的减排行为进行量化、记录，并通过交易变现、政策支持、商业奖励等消纳渠道实现其价值，以激励全社会参与碳减排行动。

---

① 空 m^3 是人工鱼礁的计量单位，指人工鱼礁外部轮廓包围的体积。

1.3.3 我国"双碳"目标面临的挑战和机遇

1.我国"双碳"目标面临的挑战

实现"双碳"目标是一场广泛而深刻的变革。目前，我国在顶层设计、产业链构建等方面已经做了全面统领，多措并举为碳中和目标的顺利实现打下基础。欧盟、日本、美国等经济体已经实现碳达峰。我国承诺的从碳达峰到碳中和的时间只有短短30年，我国实现"双碳"目标不仅时间紧、任务重、难度大，而且存在能源结构偏煤、产业结构偏重、技术创新能力不足等问题。

（1）能源结构始终失衡

目前，我国能源消费结构不断改善，但煤炭在能源消费总量中的占比仍最高，达到60%，而可再生能源、天然气等清洁能源在能源消费总量中占比较低，仅达到20%左右。欧美发达国家的可再生能源及清洁能源消费比重始终保持在45%~60%。

（2）绿色技术发展受限

从技术创新的主体来看，我国企业大多绿色技术基础薄弱、能投入的自有资金有限。此外，由于绿色技术本身的"双重外部性"（技术溢出效应和环境外部性），我国企业普遍对于绿色技术的研发与使用积极性不高，投入很低。由于是新兴领域，各企业储备的绿色技术人才也较少，市场上绿色技术人才资源也十分匮乏。从研发环境来看，我国绿色技术企业和研发机构尚未建立起基于市场需求的有效机制，以绿色专利为代表的绿色产业知识产权相关体系建设也比较滞后，严重制约了绿色技术的评估交易和市场化应用。从发展平台来看，我国仍未建立起统一的绿色技术公共服务平台及相关共享机制，进一步阻碍了绿色技术的发展。

（3）区域发展不协调

我国幅员辽阔，不同地区经济发展、资源禀赋、产业结构等存在很大的差异，致使各地区碳中和起跑线不同。在推进"双碳"的进程中，统一规划安排很难兼顾不同地区的发展。如果"双碳"相关的战略与措施不能够因地制宜、循序渐进，可能会对相关地区的经济发展、人民生活等产生负面影响。

（4）绿色金融体系不完善

绿色金融是我国实现"双碳"目标的重要抓手。自2016年起，我国已初步建立了绿色金融体系的政策框架，但是具体的配套支持措施还有待进一步完善。在法律法规方面，我国出台的文件仍停留在零散的通知和意见层面，且与清洁能源、可再生能源相关的法律法规比较少，导致绿色金融市场缺少相对完整的法律体系。绿色金融的信息披露制度也不够完善，除部分上市公司，对于绝大多数企业而言，披露企业可持续发展报告／社会责任报告（ESG/CSR）尚未成为强制要求。企业环境信息披露依赖企业自愿，使得绿色金融市场内能够流通的真实、有效的企业环境信息少之又少。同时，我国缺乏统一的绿色金融信息共享平台，无法实现绿色信息共享交换。针对绿色金融发展的激励措施也不多，尽管国家已经出台了很多政策文件鼓励资金流向绿色低碳领域，但是并未形成系统的激励机制。比如，针对环保企业及其产品的税收优惠并不多，绿色金融风险补偿机制和财政性奖补机制也尚未正式出台。

2. 我国"双碳"面临的机遇

虽然我国实现"双碳"目标面临诸多挑战，但在"双碳"工作推进过程中，新的机遇也被催生出来。

（1）促进低碳产业体系发展

在"双碳"目标的背景下，传统产业被推动着向绿色低碳转型。电力、交通、建筑和工业是当前正在进行产业深度转型的主要行业。其中，电力行业开始重点解决分布式可再生能源问题，交通行业开始以低碳交通为目标做出新的整体规划，建筑行业开始重点推广使用绿色材料和建设绿色建筑，工业行业则开始关注提升能源利用效率。此外，许多绿色低碳产业也应运而生，如新能源汽车、零碳建筑、零碳钢铁等。

（2）催化新的商业模式形成

"双碳"目标有助于加快转变企业生产方式，推动节能减排改造，培育出新的商业模式，继而实现结构调整、优化和升级。绿色低碳技术的大范围应用，使得大数据、区块链、物联网等新兴技术加速推广和应用，企业可以借助这些数字技术和数字业务推动商业模式的转型和数字化商业生态的构建。

（3）推动绿色服务行业发展

"双碳"目标的推行为许多服务行业带来了开展绿色服务的新机遇，尤其是金融服务业和环境服务业。随着"双碳"理念的全方位渗透，金融机构加大了开发新兴绿色信贷、绿色债券、绿色保险等金融产品和工具的力度，进一步完善了绿色金融投融资机制。环境服务行业则可以借机深挖市场，开发碳排放核算工具、节能减排技术等符合市场需求的工具和技术，将绿色低碳全面融入环境服务中。

（4）提升国际影响力

"双碳"目标是我国对世界做出的庄严承诺，也是我国树立良好国际形象的一个重大契机。作为世界碳排放量最大的发展中国家，我国在应对全球气候变化上始终主动作为，展现出坚定的决心和责任担当。"双碳"目标是我国政府立足新发展阶段，贯彻落实"绿水青山就是金山银山"的发展理念，统筹国内国际两个大局做出的重大战略决策，对我国自身可持续发展、参与全球环境保护、构建人类命运共同体都有着重要意义。

第二章 实现"双碳"目标的保障体系

2.1 政策法规概述

2020 年 9 月，习近平主席在第 75 届联合国大会一般性辩论上正式宣布："中国将提高国家自主贡献力度，采取更加有力的政策和措施，二氧化碳排放力争于 2030 年前达到峰值，努力争取 2060 年前实现碳中和。"

2.1.1 中共中央、国务院关于"双碳"的顶层设计

1.《中共中央 国务院关于完整准确全面贯彻新发展理念做好碳达峰碳中和工作的意见》

2021 年 9 月，《中共中央 国务院关于完整准确全面贯彻新发展理念做好碳达峰碳中和工作的意见》（以下简称《中央意见》）发布。作为碳达峰碳中和"1+N"政策体系中的"1"，也就是顶层设计，《中央意见》提出了构建绿色低碳循环发展经济体系、提升能源利用效率、提高非化石能源消费比重、降低二氧化碳排放水平、提升生态系统碳汇能力等 5 个方面主要目标。

主要目标具体为：到 2025 年，绿色低碳循环发展的经济体系初步形成，重点行业能源利用效率大幅提升。单位 GDP 能耗比 2020 年下降 13.5%；单位 GDP 二氧化碳排放比 2020 年下降 18%；非化石能源消费比重达到 20% 左右；森林覆盖率达到 24.1%，森林蓄积量达到 1.8×10^{10} m^3，为实现碳达峰、碳中和奠定坚实基础。到 2030 年，经济社会发展全面绿色转型取得显著成效，重点耗能行业能源利用效率达到国际先进水平。单位 GDP 能耗大幅下降；单位 GDP 二氧化碳排放比 2005 年下降 65% 以

上；非化石能源消费比重达到25%左右，风电、太阳能发电总装机容量达到 1.2×10^9 kW 以上；森林覆盖率达到25%左右，森林蓄积量达到 1.9×10^{10} m³，二氧化碳排放量达到峰值并实现稳中有降。到2060年，绿色低碳循环发展的经济体系和清洁低碳安全高效的能源体系全面建立，能源利用效率达到国际先进水平，非化石能源消费比重达到80%以上，碳中和目标顺利实现，生态文明建设取得丰硕成果，开创人与自然和谐共生新境界。

实现碳达峰碳中和是一项多维、立体、系统的工程，涉及经济社会发展的方方面面。《中央意见》坚持系统观念，提出了10个方面31项重点任务，包括推进经济社会发展全面绿色转型（强化绿色低碳发展规划引领、优化绿色低碳发展区域布局、加快形成绿色生产生活方式），深度调整产业结构（推动产业结构优化升级、坚决遏制高耗能高排放项目盲目发展、大力发展绿色低碳产业），加快推进低碳交通运输体系建设（优化交通运输结构、推广节能低碳型交通工具、积极引导低碳出行），提升城乡建设绿色低碳发展质量（推进城乡建设和管理模式低碳转型、大力发展节能低碳建筑、加快优化建筑用能结构），提高对外开放绿色低碳发展水平（加快建立绿色贸易体系、推进绿色"一带一路"建设、加强国际交流与合作），健全法律法规标准和统计监测体系（健全法律法规、完善标准计量体系、提升统计监测能力）等6个方面各3项任务；加快构建清洁低碳安全高效能源体系（强化能源消费强度和总量双控、大幅提升能源利用效率、严格控制化石能源消费、积极发展非化石能源、深化能源体制机制改革）共5项任务；加强绿色低碳重大科技攻关和推广应用（强化基础研究和前沿技术布局、加快先进适用技术研发和推广），持续巩固提升碳汇能力（巩固生态系统碳汇能力、提升生态系统碳汇增量）等2个方面各2项任务；完善政策机制（完善投资政策、积极发展绿色金融、完善财税价格政策、推进市场化机制建设）共4项任务。

《中央意见》明确，首先要以经济社会发展全面绿色转型为引领，强化绿色低碳发展规划引领，优化绿色低碳发展区域布局，加快形成绿色生产生活方式。实现"双碳"目标，能源绿色低碳发展是关键。经过多年努力，我国形成了煤、油、气、可再生能源多轮驱动的能源生产体系，不仅能源基础保障作用显著增强，能源结构调整也突飞猛进。要加快构建清洁低碳安全高效能源体系，实现"双碳"目标，科技创新是核心驱动力。要加强绿色低碳重大科技攻关和推广应用，强化基础研究和前沿技术布局，加快先进适用技术研发和推广。

2.《2030 年前碳达峰行动方案》

2021 年 10 月，国务院印发《2030 年前碳达峰行动方案》（以下简称《行动方案》），内容包括总体要求、主要目标、重点任务、国际合作、政策保障、组织实施等。

《行动方案》的主要目标为："十四五"期间，产业结构和能源结构调整优化取得明显进展，重点行业能源利用效率大幅提升，煤炭消费增长得到严格控制，新型电力系统加快构建，绿色低碳技术研发和推广应用取得新进展，绿色生产生活方式得到普遍推行，有利于绿色低碳循环发展的政策体系进一步完善。到 2025 年，非化石能源消费比重达到 20% 左右，单位 GDP 能源消耗比 2020 年下降 13.5%，单位 GDP 二氧化碳排放比 2020 年下降 18%，为实现碳达峰奠定坚实基础。"十五五"期间，产业结构调整取得重大进展，清洁低碳安全高效的能源体系初步建立，重点领域低碳发展模式基本形成，重点耗能行业能源利用效率达到国际先进水平，非化石能源消费比重进一步提高，煤炭消费逐步减少，绿色低碳技术取得关键突破，绿色生活方式成为公众自觉选择，绿色低碳循环发展政策体系基本健全。到 2030 年，非化石能源消费比重达到 25% 左右，单位 GDP 二氧化碳排放比 2005 年下降 65% 以上，顺利实现 2030 年前碳达峰目标。

《行动方案》提出的重点任务包括：将碳达峰贯穿于经济社会发展全过程和各方面，重点实施能源绿色低碳转型行动（推进煤炭消费替代和转型升级、大力发展新能源、因地制宜开发水电、积极安全有序发展核电、合理调控油气消费、加快建设新型电力系统），节能降碳增效行动（全面提升节能管理能力、实施节能降碳重点工程、推进重点用能设备节能增效、加强新型基础设施节能降碳），工业领域碳达峰行动（推动工业领域绿色低碳发展、推动钢铁行业碳达峰、推动有色金属行业碳达峰、推动建材行业碳达峰、推动石化化工行业碳达峰、坚决遏制"两高"项目盲目发展），城乡建设碳达峰行动（推进城乡建设绿色低碳转型、加快提升建筑能效水平、加快优化建筑用能结构、推进农村建设和用能低碳转型），交通运输绿色低碳行动（推动运输工具装备低碳转型、构建绿色高效交通运输体系、加快绿色交通基础设施建设），循环经济助力降碳行动（推进产业园区循环化发展、加强大宗固废综合利用、健全资源循环利用体系、大力推进生活垃圾减量化资源化），绿色低碳科技创新行动（完善创新体制机制、加强创新能力建设和人才培养、强化应用基础研究、加快先进适用技术研发和推广应用），碳汇能力巩固提升行动（巩固生态系统固碳作用、提升生态系统碳汇能力、加强生态系统碳汇基础支撑、推进农业农村减排固碳），绿色低碳全民行动（加强生态文明宣传教育、推广绿色低碳生活方式、引导企业履行社会责任、强化领导干部培训），各地区梯次有序碳达峰行动（科学合理确定有序达峰目标、因地制宜推进绿色低碳发展、上下联动制定地方达峰方案、组织开展碳达峰试点建设）等"碳达峰十大行动"。

2.1.2　各部委关于"双碳"的政策

我国已构建如图 2-1 所示"1+N"政策体系，扎实推进碳达峰碳中和。2021 年，《中央意见》和《行动方案》相继发布，为实现"双碳"目标做出顶层设计，明确了时间表、路线图、施工图。各部委研究制定能源、工业、城乡建设、农业农村、交通运输等重点领域实施方案，钢铁、有色金属、石化化工、建材、石油天然气等重点行业实施方案，以及科技支撑、财政、金融、碳汇能力、统计核算、人才培养和督查考核等保障方案。

各部委"双碳"工作主要政策文件见表 2-1。

表 2-1　各部委"双碳"工作主要政策文件

领域（方面）	主要政策文件名称
能源绿色低碳转型方面	《关于完善能源绿色低碳转型体制机制和政策措施的意见》《"十四五"现代能源体系规划》《氢能产业发展中长期规划（2021—2035 年）》《关于加快建设全国统一电力市场体系的指导意见》《关于完善能源绿色低碳转型体制机制和政策措施的意见》《关于促进新时代新能源高质量发展的实施方案》《煤炭清洁高效利用重点领域标杆水平和基准水平（2022 年版）》《"十四五"可再生能源发展规划》《关于进一步推进电能替代的指导意见》《抽水蓄能中长期发展规划（2021—2035 年）》《"十四五"能源领域科技创新规划》《绿色生活创建行动总体方案》
节能降碳增效方面	《"十四五"节能减排综合工作方案》《减污降碳协同增效实施方案》《高耗能行业重点领域节能降碳改造升级实施指南（2022 年版）》《农业农村减排固碳实施方案》《关于做好 2022 年企业温室气体排放报告管理相关重点工作的通知》

续表

领域（方面）	主要政策文件名称
城乡建设、农业农村领域	《关于推动城乡建设绿色发展的意见》《"十四五"推进农业农村现代化规划》《"十四五"建筑业发展规划》《"十四五"住房和城乡建设科技发展规划》《"十四五"建筑节能与绿色建筑发展规划》《城乡建设领域碳达峰实施方案》
工业领域	《"十四五"循环经济发展规划》《"十四五"工业绿色发展规划》《关于"十四五"推动石化化工行业高质量发展的指导意见》《关于促进钢铁工业高质量发展的指导意见》《"十四五"医药工业发展规划》《关于化纤工业高质量发展的指导意见》《关于产业用纺织品行业高质量发展的指导意见》《关于推动轻工业高质量发展的指导意见》《工业水效提升行动计划》《工业能效提升行动计划》《限期淘汰产生严重污染环境的工业固体废物的落后生产工艺设备名录》《关于加快推动工业资源综合利用的实施方案》《工业废水循环利用实施方案》《关于加强产融合作推动工业绿色发展的指导意见》《工业领域碳达峰实施方案》
交通运输领域	《"十四五"现代综合交通运输体系发展规划》《绿色交通"十四五"发展规划》《交通运输部 国家铁路局 中国民用航空局 国家邮政局贯彻落实〈中共中央 国务院关于完整准确全面贯彻新发展理念做好碳达峰碳中和工作的意见〉的实施意见》
科技创新方面	《"十四五"能源领域科技创新规划》《科技支撑碳达峰碳中和实施方案（2022—2030年）》
人才培养方面	《加强碳达峰碳中和高等教育人才培养体系建设工作方案》
其他政策	《财政支持做好碳达峰碳中和工作的意见》《银行业保险业绿色金融指引》《支持绿色发展税费优惠政策指引》《关于推进中央企业高质量发展做好碳达峰碳中和工作的指导意见》《关于引导服务民营企业做好碳达峰碳中和工作的意见》

在能源绿色低碳转型方面，国家发展改革委、国家能源局发布《关于完善能源绿色低碳转型体制机制和政策措施的意见》《"十四五"现代能源体系规划》《氢能产业发展中长期规划（2021—2035年）》《关于加快建设全国统一电力市场体系的指导意见》《关于完善能源绿色低碳转型体制机制和政策措施的意见》《关于促进新时代新能源高质量发展的实施方案》；国家发展改革委等六部门发布《煤炭清洁高效利用重点领域标杆水平和基准水平（2022年版）》；国家发展改革委等九部门联合印发《"十四

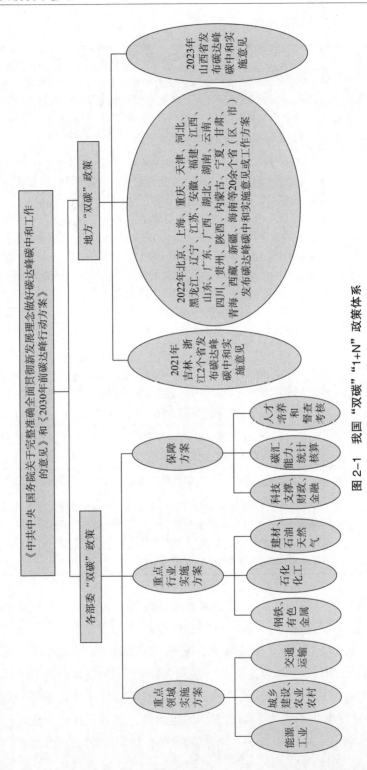

图 2-1 我国"双碳""1+N"政策体系

五"可再生能源发展规划》；国家发展改革委等十部门发布《关于进一步
推进电能替代的指导意见》；国家能源局发布《抽水蓄能中长期发展规划
（2021—2035 年）》；国家能源局、科学技术部发布《"十四五"能源领域科
技创新规划》；国家发展改革委制定并印发了《绿色生活创建行动总体方
案》，推动节约型机关、绿色家庭、绿色学校、绿色社区、绿色出行、绿
色商场、绿色建筑等创建行动取得积极进展。

在节能降碳增效方面，国务院印发《"十四五"节能减排综合工作方
案》，生态环境部等七部门联合印发《减污降碳协同增效实施方案》，国家
发展改革委等四部门发布《高耗能行业重点领域节能降碳改造升级实施指
南（2022 年版）》，农业农村部、国家发展改革委联合印发《农业农村减排
固碳实施方案》，生态环境部印发《关于做好 2022 年企业温室气体排放报
告管理相关重点工作的通知》。

在城乡建设、农业农村领域，中共中央办公厅、国务院办公厅印发
《关于推动城乡建设绿色发展的意见》，国务院印发《"十四五"推进农业
农村现代化规划》，住房城乡建设部印发《"十四五"建筑业发展规划》
《"十四五"住房和城乡建设科技发展规划》《"十四五"建筑节能与绿色建
筑发展规划》《城乡建设领域碳达峰实施方案》。《城乡建设领域碳达峰实
施方案》从总体要求、建设绿色低碳城市、打造绿色低碳县城和乡村、强
化保障措施、加强组织实施 5 个方面进行了顶层设计，为城乡建设领域实
现绿色低碳发展指明了方向，从建筑布局、可再生能源、清洁能源利用、
既有建筑节能改造、农村清洁取暖等多方面给出了降碳路径。

在工业领域，国家发展改革委印发《"十四五"循环经济发展规划》；
工业和信息化部等部门发布《"十四五"工业绿色发展规划》《关于"十四
五"推动石化化工行业高质量发展的指导意见》《关于促进钢铁工业高质
量发展的指导意见》《"十四五"医药工业发展规划》《关于化纤工业高质
量发展的指导意见》《关于产业用纺织品行业高质量发展的指导意见》《关
于推动轻工业高质量发展的指导意见》《工业水效提升行动计划》《工业
能效提升行动计划》《限期淘汰产生严重污染环境的工业固体废物的落后
生产工艺设备名录》《关于加快推动工业资源综合利用的实施方案》《工
业废水循环利用实施方案》《关于加强产融合作推动工业绿色发展的指导
意见》；工业和信息化部、国家发展改革委、生态环境部发布《工业领域
碳达峰实施方案》，提出确保工业领域二氧化碳排放在 2030 年前达峰，聚

焦重点行业，制定钢铁、建材、石化化工、有色金属等行业碳达峰实施方案，研究消费品、装备制造、电子等行业低碳发展路线图，分业施策、持续推进，降低碳排放强度，控制碳排放量。

在交通运输领域，国务院印发《"十四五"现代综合交通运输体系发展规划》，交通运输部印发《绿色交通"十四五"发展规划》，交通运输部等四部门发布《交通运输部 国家铁路局 中国民用航空局 国家邮政局贯彻落实〈中共中央 国务院关于完整准确全面贯彻新发展理念做好碳达峰碳中和工作的意见〉的实施意见》，提出了优化交通运输结构、推广节能低碳型交通工具、积极引导低碳出行、增强交通运输绿色转型新动能等政策。

在科技创新方面，国家能源局、科技部印发《"十四五"能源领域科技创新规划》；科技部等九部门印发《科技支撑碳达峰碳中和实施方案（2022—2030年）》，统筹提出支撑2030年前实现碳达峰目标的科技创新行动和保障举措，并为2060年前实现碳中和目标做好技术研发储备，对全国科技界及相关行业、领域、地方和企业碳达峰碳中和科技创新工作的开展起到指导作用。

在人才培养方面，教育部印发《加强碳达峰碳中和高等教育人才培养体系建设工作方案》。

除以上方面外，各部委关于"双碳"的其他政策支持如下。财政部印发《财政支持做好碳达峰碳中和工作的意见》，提出支持构建清洁低碳安全高效的能源体系、支持重点行业领域绿色低碳转型、支持绿色低碳科技创新和基础能力建设、支持绿色低碳生活和资源节约利用、支持碳汇能力巩固提升、支持完善绿色低碳市场体系，将强化财政资金支持引导作用、健全市场化多元化投入机制、发挥税收政策激励约束作用、完善政府绿色采购政策、加强应对气候变化国际合作等。中国银保监会印发《银行业保险业绿色金融指引》，以促进银行业保险业发展绿色金融，积极服务兼具环境和社会效益的各类经济活动，更好地助力污染防治攻坚，有序推进碳达峰、碳中和工作。国家税务总局印发《支持绿色发展税费优惠政策指引》，共梳理56项支持绿色发展的税费优惠政策，涵盖支持环境保护、促进节能环保、鼓励资源综合利用、推动低碳产业发展4个方面，体现了税收对市场主体绿色低碳发展的促进和激励作用。国务院国资委印发《关于推进中央企业高质量发展做好碳达峰碳中和工作的指导意见》，从推动绿色低碳转型发展、建立绿色低碳循环产业体系、构建清洁低碳安全高效能源体系、强化绿色低碳技术科技攻关和创新应用、建立完善碳排放管理机制等5个方面，对中央企业做好"双碳"工作做出具体部署。全国工商联印发《关于引导服务民营企业做好碳达峰碳中和工作的意见》，提出民营企业要加快绿色低碳转型发展、各级工商联要加强引导服务、积极发挥商会作用。

2.1.3 各地方关于"双碳"的政策

2021年，吉林、浙江2个省发布碳达峰碳中和实施意见。2022年，北京、上海、重庆、天津、河北、黑龙江、辽宁、江苏、安徽、福建、江西、山东、广东、广西、湖北、湖南、云南、四川、贵州、陕西、内蒙古、宁夏、甘肃、青海、西藏、新疆、海南等20余个省（区、市）发布碳达峰碳中和实施意见或工作方案。2023年，山西省发布碳达峰碳中和实施意见。

2022年7月6日，上海发布了《中共上海市委 上海市人民政府关于完整准确全面贯彻新发展理念做好碳达峰碳中和工作的实施意见》；2022年7月8日，上海市人民政府发布了《上海市碳达峰实施方案》。

《中共中央上海市委 上海市人民政府关于完整准确全面贯彻新发展理念做好碳达峰碳中和工作的实施意见》提出上海"双碳"工作的主要目标为：到2025年，产业结构和能源结构明显优化，重点行业能源利用效率明显提升，与超大城市相适应的清洁低碳安全高效的现代能源体系和新型电力系统加快构建，循环型社会基本形成，绿色低碳循环发展的经济体系初步建立。单位生产总值能源消耗比2020年下降14%，非化石能源占能源消费总量比重力争达到20%，森林覆盖率达到19.5%以上，单位生产总值二氧化碳排放确保完成国家下达指标。到2030年，产业结构和能源结构优化升级取得重大进展，重点行业能源利用效率达到国际先进水平，节能低碳技术创新取得突破性进展，循环型社会发展水平明显提升，绿色低碳循环发展的经济体系基本形成，非化石能源占能源消费总量比重力争达到25%，森林覆盖率力争达到21%，单位生产总值二氧化碳排放比2005年下降70%，确保2030年前实现碳达峰。到2060年，绿色低碳循环发展的经济体系和清洁低碳安全高效的能源体系全面建立，能源利用效率达到国际领先水平，非化石能源占能源消费总量比重达到80%以上，经济社会发展全面脱碳，碳中和目标顺利实现。该文件提出了 10 个方面 30 项重点任务，包括全面推进经济社会发展绿色低碳转型（坚持绿色低碳发展规划引领、优化绿色低碳发展城市布局、加快形成绿色生产生活方式），持续优化产业结构（推动产业结构低碳转型、坚决遏制高耗能高排放低水平项目盲目发展、加大力度培育绿色低碳循环产业），加快构建清洁低碳安全高效能源体系（强化能源消费强度和总量双控、持续提升能源利用效率、严格控制化石能源消费、积极发展非化石能源、深化能源体制机制改革），加快推进绿色低碳交通运输体系建设（优化综合交通运输结构、推广节能低碳型交通工具、积极引导绿色低碳出行），提升城乡建设绿色低碳发展质量（推进城乡建设和管理模式低碳转型、大力发展节能低碳建筑、加快优化建筑用能结构），加强绿色低碳重大科技攻关和推广应用（加强基础研究和前沿技术布局、积极推动绿色低碳技术研发和示范推广），持续巩固提升碳汇能力（巩固提升生态系统碳汇能力），提高对外开放绿色低碳发展水平（加快发展绿色贸易、服务绿色"一带一路"建设、加强国际国内交流与合作），健全法规标准和统计监测体系（健全法规制度、完善标准核算体系、提升统计监测能力），完善政策机制（完善投资政策、积极发展绿色金融、优化财政价格政策、推进市场化机制建设）。

《上海市碳达峰实施方案》提出的主要目标为："十四五"期间，产业结构和能源结构明显优化，重点行业能源利用效率明显提升，煤炭消费总量进一步削减，与超大城市相适应的清洁低碳安全高效的现代能源体系和新型电力系统加快构建，绿色低碳技术创新研发和推广应用取得重要进展，绿色生产生活方式得到普遍推行，循环型社会基本形成，绿色低碳循环发展政策体系初步建立。到 2025 年，单位生产总值能源消耗比 2020 年下降 14%，非化石能源占能源消费总量比重力争达到 20%，单位生产总值二氧化碳排放确保完成国家下达指标。"十五五"期间，产业结构和能源结构优化升级取得重大进展，清洁低碳安全高效的现代能源体系和新型电力系统基本建立，重点领域低碳发展模式基本形成，重点行业能源利用效率达到国际先进水平，绿色低碳技术创新取得突破性进展，简约适度的绿色生活方式全面普及，循环型社会发展水平明显提升，绿色低碳循环发展政策体系基本健全。到 2030 年，非化石能源占能源消费总量比重力争达到 25%，单位生产总值二氧化碳排放比 2005 年下降 70%，确保 2030 年前实现碳达峰。该文件提出的重点任务包括能源绿色低碳转型行动（大力

发展非化石能源、严格控制煤炭消费、合理调控油气消费、加快建设新型
电力系统），节能降碳增效行动（深入推进节能精细化管理、实施节能降
碳重点工程、推进重点用能设备节能增效、加强新型基础设施节能降碳），
工业领域碳达峰行动（深入推进产业绿色低碳转型、推动钢铁行业碳达
峰、推动石化化工行业碳达峰、坚决遏制"两高一低"项目盲目发展），
城乡建设领域碳达峰行动（推进城乡建设绿色低碳转型、加快提升建筑能
效水平、加快优化建筑用能结构、推进农村建设和用能低碳转型），交通
领域绿色低碳行动（构建绿色高效交通运输体系、推动运输工具装备低碳
转型、加快绿色交通基础设施建设、积极引导市民绿色低碳出行），循环
经济助力降碳行动（打造循环型产业体系，建设循环型社会，推进建设领
域循环发展，发展绿色低碳循环型农业，强化行业、区域协同处置利用），
绿色低碳科技创新行动（强化基础研究和前沿技术布局、加快先进适用技
术研发和推广应用、加强创新能力建设和人才培养、完善技术创新体制机
制），碳汇能力巩固提升行动（实施千座公园计划、巩固提升森林碳汇能
力、增强海洋系统固碳能力、增强湿地系统固碳能力、加强生态系统碳汇
基础支撑），绿色低碳全民行动（加强生态文明宣传教育、推广绿色低碳
生活方式、引导企业履行社会责任、强化领导干部培训），绿色低碳区域
行动（深入推进各区如期实现碳达峰、支持推动碳达峰碳中和"一岛一
企"试点示范、推进重点区域低碳转型示范引领）等 10 项行动，并提出
了 3 项国际国内合作和 5 项政策保障等。

2.2　标准规范建设

2.2.1　"双碳"标准化建设现状

　　我国能源领域标准化建设工作起步于 20 世纪 80 年代，滞后于发达国
家。1981 年，全国能源基础与管理标准化技术委员会（简称"全国能标
委"）正式成立。全国能标委成立后组织制定了关于能源体系单位换算、
术语、图形、符号、能耗计算方法等的一批基础性国家标准，工作重点在
于统一对能源的基本认识，奠定能源标准建设的理论基础。

　　21 世纪以来，随着我国能源行业的进步发展，能源标准化建设工作
全面升级，能耗限额标准为淘汰落后产能、节能监察、提高高耗能行业能

效发挥重要支撑作用。能源管理体系、能源审计、能效对标、能源绩效评估、能耗在线监测等系列标准为各类用能单位夯实能源数据基础、客观评估能源绩效、全面提升能源管理水平、持续降本增效提供重要技术支撑。我国制定了水泥、钢铁、火力发电、化工等 12 个行业能源管理体系实施指南系列国家标准，对促进相关行业用能单位建立、实施、保持和改进能源管理体系，加强组织节能管理和能效提升发挥重要作用。

2020 年我国提出"双碳"目标后，"双碳"目标在能源标准化建设中的约束作用愈加明显。中国国家标准化管理委员会发布的《2021 年全国标准化工作要点》，中共中央、国务院印发的《国家标准化发展纲要》，国务院印发的《2030 年前碳达峰行动方案》等相关政策文件均对加强能源标准化建设工作进行了部署。到 2021 年年底，我国设立的"双碳"相关标准涉及多个领域，其中涉及绿色、节能、可再生能源、循环经济、能效、能耗、温室气体等领域的国家标准共计 990 余项（其中强制性标准 190 余项），行业标准共计 700 余项，地方标准共计 1 900 余项，团体标准共计 200 余项，我国能源领域标准化建设基本形成覆盖广、多维度、多层次的标准体系，涉及 40 多个全国专业标准化技术委员会，"双碳"标准体系初步建立。我国在节能、碳排放管理、非化石能源利用、化石能源清洁高效低碳利用等领域的标准化工作取得了突出成效，并在特高压输变电、智能电网、风电、光伏等方面引领国际标准。

国家市场监管总局、国家发展改革委、工业和信息化部、自然资源部、生态环境部、住房城乡建设部、交通运输部、中国气象局、国家林草局等九部门在 2022 年发布了《建立健全碳达峰碳中和标准计量体系实施方案》（以下简称《实施方案》）。《实施方案》作为国家碳达峰碳中和"1+N"政策体系的保障方案之一，明确了我国碳达峰碳中和标准计量体系建设工作总体部署，对相关行业、领域、地方和企业开展碳达峰碳中和标准计量体系建设工作起到指导作用。

《实施方案》提出了我国碳达峰碳中和标准计量体系建设工作的主要目标。到 2025 年，碳达峰碳中和标准计量体系基本建立。碳相关计量基准、计量标准能力稳步提升，关键领域碳计量技术取得重要突破，重点排放单位碳排放测量能力基本具备，计量服务体系不断完善。碳排放技术和管理标准基本健全，主要行业碳核算核查标准实现全覆盖，重点行业和产品能耗能效标准指标稳步提升，碳捕集利用与封存等关键技术标准与科技研发、示范推广协同推进。新建或改造不少于 200 项计量基准、计量标准，制修订不少于 200 项计量技术规范，筹建一批碳计量中心，研制不少于 200 种标准物质 / 样品，完成不少于 1 000 项国家标准和行业标准，实质性参与不少于 30 项相关国际标准制修订，市场自主制定标准供给数量和质量大幅提升。

到 2030 年，碳达峰碳中和标准计量体系更加健全。碳相关计量技术和管理水平得到明显提升，碳计量服务市场健康有序发展，计量基础支撑和引领作用更加凸显。重点行业和产品能耗能效标准关键技术指标达到国际领先水平，非化石能源标准体系全面升级，碳捕集利用与封存及生态碳汇标准逐步健全，标准约束和引领作用更加显著，标准化工作重点实现从支撑碳达峰向碳中和目标转变。

到 2060 年，技术水平更加先进、管理效能更加突出、服务能力更加高效、引领国际的碳中和标准计量体系全面建成，服务经济社会发展全面绿色转型，有力支撑碳中和目标实现。

《实施方案》首次构建了多维度、多领域、多层级的碳达峰碳中和标准体系框架，列出了碳排放基础通用标准、碳减排标准、碳清除标准、市场化机制标准等 4 个方面标准的覆盖范围。这些标准将广泛应用于能源、工业、城乡建设、交通运输、农业农村、林业草原、金融、公共机构、居民生活等领域，支撑地区、行业、园区、组织等各个层级实现"双碳"目标。

在重点领域碳减排标准体系建设方面，重点是完善节能、非化石能源、新型电力系统、化石能源清洁低碳利用、工业绿色低碳转型、交通运输低碳发展、基础设施低碳升级、农业农村降碳增效、公共机构节能低碳、资源循环利用等 10 个方面的标准建设，重点落实《中共中央 国务院关于完整准确全面贯彻新发展理念做好碳达峰碳中和工作的意见》关于"把节约能源资源放在首位，实行全面节约战略，持续降低单位产出能源资源消耗和碳排放"的部署，为实现"双碳"目标提供全面标准支撑。

2.2.2 低碳节能相关标准

《实施方案》提出的重点工程和行动中有一项为开展百项节能降碳标准提升行动，主要内容是在用能产品和设备领域，加大制冷产品、工业设备、农业机械等用能产品强制性能效标准及测量评估标准的制修订工作；

在工业领域，结合节能低碳等技术的发展趋势，加快钢铁、石化化工、有色金属、建材、煤炭等行业的能耗限额标准提升工作；在交通领域，推进车辆燃油经济性及能效标准制修订工作；加速完善与强制性标准配套的推荐性节能标准的制修订工作，有效支撑能效能耗标准实施。

中国标准化研究院资源环境研究分院 2022 年发布的报告中总结了我国低碳节能相关标准的情况。

1. 节能标准

我国现有节能国家标准 390 余项，其中包括强制性能耗限额标准和终端用能产品能效标准 187 项，基本覆盖了主要用能行业、用能产品及设备。另有关于能源管理体系、能源管理绩效评价、能源在线监测、节能量评估、节能技术评价、能量系统优化、综合能源、分布式能源、区域能源等的推荐性节能标准 205 项。

2. 太阳能标准

我国现有光热领域国家标准 45 项，形成了覆盖太阳能热利用相关基础通用、材料和部件、系统、工程应用等领域的标准化体系。全玻璃／玻璃－金属封接真空太阳集热管标准的实施推动相关产品技术要求达到国际领先水平，并以此为基础形成我国主导的国际标准。我国现行太阳能光热发电国家标准 6 项，初步构建覆盖太阳能光热发电相关的基础通用、系统、部件等领域的标准体系框架。现行光伏国家标准 30 项，形成了覆盖光伏相关基础通用、设备、材料、电池和组件、部件、系统、应用等领域的标准化体系，相关标准在提升光伏材料组件和系统性能、推动光伏并网等方面发挥了技术支撑作用。

3. 氢能标准

我国已发布氢能领域国家标准 101 项。其中，氢能供应与基础设施相关标准 48 项，燃料电池相关标准 39 项，氢燃料电池汽车标准 14 项。氢品质标准明确了质子交换膜燃料电池汽车用氢燃料品质要求，确保燃料电池汽车用氢安全。加氢站系列标准为加氢站设计、建设、设备选型、安全管理等提供指导，被各级地方政府作为项目审批依据。氢燃料电池汽车相关标准支撑国家对道路机动车辆生产企业及产品的审核。

4. 生物质标准

我国已制定 60 余项生物质能产业相关国家标准，涵盖固态、液态、气态等不同形态的生物质燃料加工及生物质热电利用等能源利用形式。其中，《车用生物天然气》（GB/T 40510—2021）填补了生物天然气领域国家标准的空白。《生物质燃气中焦油和灰尘含量的测定方法》（GB/T 40508—2021）是目前唯一一部关于生物质气化过程中焦油含量控制的国家标准。《农林生物质原料收储运通用技术规范》（GB/T 40511—2021）是目前较为综合的生物质原料收集、储存、运输标准。

5. 循环降碳标准

我国现有园区循环经济国家标准 10 项，涉及园区物质流管理、循环经济管理、循环经济评价、废弃物和废水废气利用、基础设施建设等方面，有效支撑开展国家循环经济标准化试点，以标准引领产业低碳循环发展。大宗固废综合利用领域现行国家标准有 80 多项，包括工业"三废"综合利用标准、建筑垃圾综合利用标准、农业废弃物综合利用标准。粉煤灰提取氧化铝标准促进了技术的产业化，在试点企业实现粉煤灰年利用量达到 3×10^4 t，年创造效益 6 000 万元以上。废旧物资循环利用领域现行国家标准约有 200 项，涉及废钢铁、废铜、废铝、废纸、废塑料、废橡胶、废玻璃、废旧纺织品、废旧电池、废复合包装等品种。生活垃圾减量化资源化国家标准约有 10 项。再生资源分类和处理处置相关标准提高了试点企业生产效率，节约了生产成本，每年产生 71 亿元的经济效益。

2.2.3　碳排放管理相关标准

1. 碳排放管理标准

我国已发布碳排放管理国家标准 16 项，包括《工业企业温室气体排放核算和报告通则》（GB/T 32150—2015）及发电、电网、钢铁、化工、电解铝、镁冶炼、平板玻璃、水泥、陶瓷、民航、煤炭、纺织等 12 个行业温室气体排放核算与报告要求标准。这些标准在参考国际标准的基础上，充分吸纳我国碳排放权交易试点经验，有效解决了温室气体排放标准缺失、核算方法不统一等问题，成为企业开展温室气体排放核算和报告的基础标准，实现了我国温室气体管理国家标准从无到有的突破。温室气体排放核算和报告、减排、核查、温室气体管理体系、碳排放信息披露等国家标准的制修订，为碳排放交易中"怎么测""怎么算""怎么分""怎么减""怎么查""怎么管"等问题提供了解决方案。

2. 支持减污降碳协同的环保产业标准

我国现有相关国家标准 55 项，覆盖环保设备产品、产品能效、性能检测方法、技术工艺、高效能环保装备评价及环保系统设施运行效果评价等方面，推动环保装备、环保产品和环保服务的系列化、标准化和规范化进程，取得了显著的社会、经济和环境效益。目前，正在加快环保设备能效提升、环保设施高效低碳运行、污染物协同处理处置、碳排放与污染物排放协同监测、核算及治理等标准的制修订工作，助力减污降碳协同推进和"双碳"目标的实现。

3. 支持碳减排的环境管理标准

我国现有相关国家标准37项，涉及环境管理体系、环境标志和声明、环境评价、环境信息交流、生命周期评价、生态设计、清洁生产、水足迹、绿色工厂、物质流成本核算等领域。《环境管理体系 要求及使用指南》（GB/T 24001—2016）等环境管理体系标准指导众多组织依据ISO 14000系列标准建立并实施了环境管理体系，取得了良好的环境、社会和经济效益。环境标志系列标准、环境绩效评价标准、生命周期评价系列标准等也被大量企业应用，成为提升环境管理水平、改善环境绩效、实现降碳目标的有力工具。

2.2.4　碳捕集利用与封存相关标准

我国正加快制定碳捕集利用与封存相关的术语、监测、分类评估等基础标准；制定工业分离、化石燃料燃烧前捕集、化石燃料燃烧后捕集、富氧燃烧捕集等碳捕集技术标准，碳运输技术标准，地质封存、海洋封存、碳酸盐矿石封存等碳封存技术标准；开展地质利用、化工利用、生物利用等碳应用技术标准研制。全国碳排放管理标准化技术委员会、全国能源基础与管理标准化技术委员会、全国环境管理标准化技术委员会联合成立了碳捕集、利用与封存标准工作组，将加快推动《碳捕集、运输与地质封存——术语》（ISO 27917：2017）、《碳捕集、运输与地质封存——量化与验证》（ISO/TR 27915：2017）、《CCS集成项目全生命周期风险管理》（ISO/TR 27918：2018）等国际标准采用转化，发挥标准化对碳捕集利用与封存等负排放技术的引领和规范作用，支持政策落地实施。

2.3 人才培养体系建设

2.3.1 "双碳"专业人才培养现状

2022 年 3 月，人社部、国家市场监管总局、国家统计局正式将碳排放管理员列入《中华人民共和国职业分类大典（2022 年版）》。碳排放管理员职业下设 6 个工种。碳排放管理相关岗位有望成为企业必不可少的岗位，未来 5 ~ 10 年"双碳"人才缺口巨大。而且，目前我国缺少深度了解国际碳交易等相关政策法规的专业人才，不利于我国在全球碳交易市场上争夺定价权。

国外发达经济体在"双碳"人才培养方面已经开展了较多的先期探索，形成了以能力培养为目标、以学科交叉为手段、以实践技能为导向的"双碳"专业人才培养模式和体系。例如，美国、英国、日本的一些大学实行"交叉学科教育"，将 STEM（科学、技术、工程、数学）作为通识课程，兼顾教育的深度和广度，培养跨领域复合型"双碳"人才；英国爱丁堡大学根据低碳转型政策需求开展学科交叉，设置碳金融发展、碳交易等理论课程，以及减排项目开发、碳基准线测定等实践课程，有针对性地提高学生的专业素养和实践能力；德国联邦教育及研究部在低碳教育、低碳人才培养、低碳研究等方面采取多项措施，支持德国能源研究计划。同时，国外发达经济体已逐步建立以政府为主导、以企业为主体、各类社会组织和培训机构广泛参与的绿色低碳职业培训体系和运行机制。

我国已经初步搭建了"双碳"专业人才培养方面的政策框架雏形，政府、高校、企业等均积极参与。《中共中央 国务院关于完整准确全面贯彻新发展理念做好碳达峰碳中和工作的意见》明确要求建设碳达峰、碳中和人才体系，鼓励高等学校增设碳达峰、碳中和相关学科专业。2022 年 4 月，教育部印发《加强碳达峰碳中和高等教育人才培养体系建设工作方案》，提出要"面向碳达峰碳中和目标，把习近平生态文明思想贯穿于高等教育人才培养体系全过程和各方面，加强绿色低碳教育，推动专业转型升级，加快急需紧缺人才培养"。2021 年以来，清华大学、北京大学、西安交通大学、华东理工大学、同济大学等国内知名高校纷纷成立碳中和研究机构。2021 年 4 月，同济大学牵头"华东八校"共同发起组建了"长三角可持续发展大学联盟"并发布《促进碳达峰碳中和高校行动倡议》,提倡加强校际开放合作,组建学科交叉团队,瞄准科技前沿和关键领域,培育一流"双碳"人才。2021年10月,东南大学、英国伯明翰大学等一批世界知名高校联合成立了全球首个聚焦碳中和技术领域人才培养和科研合作的"世界大学联盟",开展碳中和科技领域高水平人才联合培养和科学研究。面向企业层面的碳中和培训也已如火如荼开展。例如,2021年起,上海环境能源交易所与企业合作举办碳中和专家能力培训班,致力于培养企业碳中和专业人才。

2.3.2 "双碳"专业人才的培养路径与实践

实现"双碳"目标是一项复杂性强、覆盖面广的任务,因此对人才的专业性、创新性和实践性都有很高的要求。未来应结合国家"双碳"目标和各区域的经济社会发展现状和规划,加快研究"双碳"专业人才培养模式和体系,具体可从顶层设计、科学路径、资源集成共享3个方面入手。

1. 完善"双碳"专业人才培养的顶层设计

"双碳"目标的实现触及多领域多行业主体的利益,利益的冲突与协调需要法律手段和行政手段的刚性约束,也需要财政政策的有效激励。要突破现有"双碳"专业人才培养的关键瓶颈,需要从立法、行政、财政等多个方面研究完善"双碳"专业人才培养的激励和约束机制。气候变化立法对推动"双碳"目标实现尤为重要。立法为开展监督管理、宣传教育、国际合作,解决纠纷等提供法律依据,推动和保障"双碳"专业人才培养体系的建立。

2. 明确"双碳"专业人才培养的科学路径

"双碳"目标的实现涉及经济产业转型、资源能源利用、生态环境保护、国土空间开发、城乡规划建设等诸多领域,明确不同领域对"双碳"专业人才的需求,科学合理地设计人才培养路径是"双碳"人才培养的关键。"双碳"专业人才培养是一个科学过程,必须尊重人才成长规律。例如,人才成长需要一定的周期,人才能够发挥作用也需要特定的环境和场景。基于国内外"双碳"专业人才培养理论和实践案例,利用实地调研、深度访谈、多维对标、模型分析等方法,识别我国"双碳"专业人才培养中的难点痛点,探索符合国情的"双碳"专业人才培养科学路径,是推动"双碳"专业人才数量和质量同步快速发展的核心。

（1）优化"双碳"学科专业体系

应以"双碳"人才需求为牵引，系统推进学科专业布局，强化学科专业布局与"双碳"目标的衔接。要重点建设新能源、储能、氢能等人才紧缺学科专业，深化能源学科与金融、管理等学科交叉融合，强化传统能源学科专业内涵建设，探索和培育与"双碳"相关的新兴学科方向，夯实人才培养根基。

（2）打造"双碳"教育教学体系

应聚焦不同类型、不同层次人才培养目标，以提升"双碳"素养为核心，加强系统性教学设计，推动教学方法创新，突出实践导向，推动知识体系更新迭代，加大"双碳"领域教学资源建设力度，分级分类建设"双碳"系列课程群、教材库，用好数字资源，推动优质育人资源共建共享。

（3）构建"双碳"师资体系

要把"双碳"理念贯穿于师资队伍培养、引进、使用的全过程。要用好现有教师，系统开展碳达峰碳中和师资培训，提升教师"双碳"素养和育人能力。要引进急需教师，精准引进"双碳"急需紧缺人才培养领域的一线专家、技术骨干及海外高层次人才。要培育未来教师，推进校企联合师资培养，加强新入职教师职前培训，做好"双碳"师资储备。

（4）深化"双碳"联合培养体系

要加强高校与行业企业良性互动，把"双碳"最新进展、成果、需求和实践融入人才培养环节，组建"双碳"产教融合发展联盟，提高行业企业在"双碳"人才培养中的参与度。应加强国际交流与合作，聚焦联合国17项可持续发展目标，与世界一流大学和学术机构合作开展"双碳"领域国际联合培养，培养学生国际视野，强化学生国际交流能力。

（5）健全"双碳"思政育人体系

应充分发挥"大思政课"育人功能，把"双碳"理念全面融入学校思想政治工作，推动"双碳"元素与思政元素有机结合，引导学生树立服务"双碳"的远大志向。要善用社会大课堂，在社会实践和日常生活中抓好绿色低碳教育，倡导绿色低碳生活方式，让践行低碳理念成为自觉行为方式。

3. 推动"双碳"专业人才培养资源的集成共享

《巴黎协定》的通过使全球合作应对气候变化成为国际共识。"双碳"专业人才培养应立足国情，逐步形成兼具中国特色和国际共性的"双碳"

专业人才培养资源综合平台。应加强国内外科研院校与政府、企业、协会多方合作交流，在科教融合、产教融合、学科交叉融合的过程中依托信息技术实现优质资源集成共享，实现国际国内"双碳"专业人才培养方案、教材手册、师资队伍、硬件设施、数据、实践案例等多方面资源的集成和有效共享，汇聚全球智慧应对气候变化。

第三章　实现"双碳"目标的技术路径

3.1　绿色低碳技术体系

随着我国碳达峰碳中和战略向纵深推进，以绿色低碳技术为核心支撑实现"双碳"目标的主体思路基本形成。绿色低碳技术的发展对于"双碳"战略目标的实现和人类文明发展都具有重大意义。

本书将碳中和这个看似很复杂的过程，拆分成能源供应端、能源消费端和人为固碳端 3 个端，如图 3-1 所示。下文将逐一分析各端的绿色低碳技术体系。

图 3-1　碳中和过程的 3 个端

3.1.1　能源供应端绿色低碳技术体系

绿色低碳技术体系的第一端是能源供应端。鉴于我国资源禀赋和能源转型客观规律，未来我国煤炭、石油、天然气等化石能源难以被完全替代。因此，如何实现化石能源低碳化利用是我国面临的现实性和战略性问题。同时，在这一端也需要尽可能用非碳能源替代化石能源来发电、

制氢，构建新型的电力系统或能源供应系统。在这一端应用的主要技术
如下。

1. 能效技术

为实现碳中和愿景，能源供应端需要找准发力点。当务之急是提高能
源利用效率，加快产业结构调整。煤炭、石油和天然气这几种能源目前较
为常用的能效技术如下。

（1）煤炭能效技术

我国是以煤炭为主要能源的能源消费大国。在未来相当长的时期内，
煤炭仍将在我国的能源结构中占主导地位。据预测，2030 年前我国能源
消费仍将持续增长，能源消费增量部分主要靠清洁能源提供，但煤炭年消
费量仍将保持在 3.5×10^9 t 左右。因此，煤炭清洁高效转化是实现"双碳"
目标的重要支撑。经过多年研究和技术开发，煤炭清洁高效转化技术已
取得了一系列突破性进展。提高煤炭利用效率的技术主要有沸腾床燃烧技
术，煤炭气、液化技术，陶瓷膜气固分离技术等，这几项技术目前已较为
成熟。

1）沸腾床燃烧技术。沸腾床燃烧技术也称流化床燃烧技术，是固体
燃料的一种燃烧方式。即利用填料床适当控制供气速度，使粒径为几毫米
的燃料颗粒形成沸腾状的颗粒群，以增加燃料颗粒与空气中氧气的接触。
与传统的层状燃烧相比，沸腾燃烧具有传热、传质增强，能延长燃料颗粒
在炉内的停留时间，易于实现完全燃烧，燃烧效率较高，可有效地燃用低
挥发分煤、劣质煤或水煤浆，且能降低各种氮氧化物的排放浓度，能减少
对环境的污染等优点。

2）煤炭气、液化技术

①煤炭气化技术。煤炭气化技术是煤炭高效、清洁利用的核心技术之
一。无论是生产油品还是生产化工产品（如合成氨、甲醇、烯烃等）的煤
化工，选择合适的煤炭气化技术都是整个生产工艺的关键。从 20 世纪 80
年代开始，我国陆续引进了多种煤炭气化技术，主要有德国鲁奇气化法、
美国德士古气化技术、荷兰壳牌气化技术、德国 GSP 气化技术等。但这些
技术在本土化过程中存在运行不稳定、投资偏高，以及对国内的煤炭品种
适应性差等缺点。近年来，我国研发人员结合我国的实际情况陆续开发出
多种自主创新的煤炭气化技术，对我国煤化工的发展做出了巨大贡献。煤
炭气化技术大型化，真正实现污水零排放、炉渣废固全部综合利用、水资

源消耗量大幅降低等目标是目前煤炭气化技术研究的重点。

②煤炭液化技术。煤炭液化技术是通过化学加工，将固体煤炭转化成液体燃料、化工原料和产品的先进洁净煤炭技术。根据加工路线的不同，煤炭液化技术可分为直接液化技术和间接液化技术两大类。

a. 煤炭直接液化技术。煤炭直接液化技术是煤炭在氢气和催化剂作用下发生加氢裂化，直接转化成液态油品的技术。煤炭直接液化产生的油品可以作为飞机、火箭及装甲车辆的油品，满足我国的特种油品需求。

b. 煤炭间接液化技术。煤炭间接液化技术是先将煤炭气化得到合成气，再利用一定的催化剂在合适的温度和压力之下，将得到的合成气转化为各类液体燃料和化学品的技术。南非沙索（Sasol）公司是最早将煤炭间接液化技术进行商业化应用的。全球其他石油化工公司也开展了大量的煤炭间接液化技术研究开发工作，典型的有荷兰壳牌公司的 SMDS（壳牌中间馏分油合成）技术、美国美孚公司的 MTG（甲醇制汽油）合成技术等。

3）陶瓷膜气固分离技术。气固分离是在化工、冶金、煤炭燃烧等中都要用到的分离过程。陶瓷膜具有耐高温、耐腐蚀、截留性能强、化学稳定性好、易净化、孔径大小易控制、机械强度大等优点，广泛应用于气固、液固、气体的分离过程。陶瓷膜用于煤炭燃烧时的气固分离可以保护环境，进行洁净生产，具有较高的社会效益和经济效益。

（2）石油能效技术

石油是现代社会的重要能源，是国家的重要战略物资。石油能效技术有很多，下文主要介绍石油磺酸盐磺化酸渣溶解技术和酸化压裂技术。

1）石油磺酸盐磺化酸渣溶解技术。石油是极其重要的战略资源，提高石油采收率是当前面临的重要课题。石油磺酸盐来源广泛、价格低廉、驱油效率高，是一种重要的强化驱油剂。国内外在三次采油中广泛采用石油磺酸盐以提高采收率。但石油磺酸盐生产过程中产生的酸渣对产品质量、生产设备及环境造成严重不良影响。我国已经在石油磺酸盐酸渣无害化处理方面取得突破，研制出固体废酸渣溶解剂。该溶解剂可以降低石油磺酸盐生产过程中的酸渣产生量，不含剧毒，可常温下使用，操作简单。酸渣溶解过程中无污水外排，对环境友好。对酸渣进行溶解不仅可以提高石油磺酸盐产品的性能，降低酸渣对生产设备的不利影响，还可实现废弃物资源化，提高生产效益。

2）酸化压裂技术。酸化压裂简称酸压，是采用酸液作为压裂液，进行不加支撑剂的压裂。酸压过程中，在形成裂缝的同时，靠酸液的溶蚀作用将裂缝的壁面溶蚀成凹凸不平的表面，形成沟槽，进一步增加地层的渗透性。采用酸压技术能够有效改善储油层的渗透性，提高采油的效率和效果。因此，酸压技术是国内外油田广泛采用的一项增产技术，也是重要的完井手段。

（3）天然气能效技术

天然气作为一种清洁能源，是我国能源转型期间大力发展的一次能源。提高天然气能效的技术有催化燃烧技术、低氮燃烧技术等。

1）催化燃烧技术。天然气在正常的燃烧条件下燃烧时会排放大量的氮氧化物、一氧化碳及碳氢化合物。催化燃烧是燃料在催化剂表面进行的完全氧化反应。在催化燃烧反应过程中，反应物在催化剂表面形成低能量的表面自由基，生成振动激发态产物，并以红外辐射方式释放出能量；在反应完全进行的同时，利用催化剂的选择性有效地抑制生成有毒有害物质的副反应的发生，因此基本上不产生或很少产生氮氧化物、一氧化碳、碳氢化合物等污染物。催化燃烧技术不仅可以提高天然气燃烧效率，还能改善天然气燃烧的污染物排放问题。

2）低氮燃烧技术。相比于其他化石燃料，天然气燃烧所生成的污染物较少，但氮氧化物排放量仍然较多。随着天然气资源的大范围使用，其燃烧生成的氮氧化物逐渐引起人们的关注。在天然气燃烧过程中，影响氮氧化物生成的主要因素是火焰温度、氧气浓度及反应物在高温区的停留时间。学者们根据氮氧化物的生成机理，从燃烧器结构、运行参数等不同角度出发研发出了多种低氮燃烧技术，目前得到广泛应用的有分级燃烧技术、旋流燃烧技术、烟气再循环技术等。这些技术能实现较好的低氮排放效果。此外，无焰燃烧技术、催化燃烧技术等新兴燃烧技术近年来也得到广泛研究。

2. 新能源与化石能源耦合发展技术

"双碳"目标加快了我国能源消费结构从传统化石能源体系向新能源体系的转变进程，化石能源产业正面临发展和减碳双重挑战，在此背景下，绿色低碳成为该产业重要发展方向。而新能源虽然具有清洁低碳的绝对优势，但也具有随机性、间歇性、波动性的特征。从稳定的化石能源向波动性的新能源过渡的过程中，要在确保能源安全的前提下实现减碳目标则需要化石能源与新能源之间的多能互补、耦合发展。能源转换无法一蹴而就，新能源和化石能源也不是非此即彼，在能源转换的过程中，不同能源品种将齐头并进。

化石能源与新能源深度耦合利用可通过化学转化、电力、热力等多种耦合形式实现。其中两项典型的技术是绿电制氢技术和耦合发电技术。

（1）绿电制氢技术

绿电制氢技术通过风能、水能、太阳能等可再生能源发电制氢将不稳定能量转化为稳定能量，并可提供煤转化过程中所需的氢，替代原有煤制氢路线，削减碳排放，形成转化利用耦合。此外，太阳能还可与燃煤形成耦合发电以提升能源互补性；核能既可通过制氢耦合煤化工，也可实现核能余热气化及核 - 煤热耦合以降低能耗。绿电制氢技术既是提高可再生能源消纳水平的重要手段，也是降低化工、冶金等产业碳排放强度的重要途径，更是有效降低煤化工碳排放强度、实现煤化工产业深度脱碳的核心技术。

（2）耦合发电技术

耦合发电技术是指将不同能源发电系统（如太阳能发电系统、风能发电系统、水能发电系统等）相互连接，使其互相补充和协同工作，以提高能源利用效率和稳定性的一种发电技术。耦合发电技术可以实现能源的多元化利用，减少对单一能源的依赖，并且能够根据不同能源的供给情况灵活调整发电方式，从而优化能源利用和降低发电成本。耦合发电技术是一种成熟的可再生能源利用技术，通过对现役煤电机组实施技术改造，利用高效发电系统和环保集中治理平台，可消纳田间露天直燃秸秆，规模化协同处理污泥、垃圾，实现火电灵活性提升，降低存量煤电耗煤量，提升可再生能源发电量，具有投资省、见效快、排放低、可再生电能质量稳定的特点。

3. 新能源替代技术

新能源替代技术是指利用可再生能源、清洁能源等替代传统能源（如化石燃料）的技术。运用这些技术可以减少对有限资源的依赖，降低温室气体排放量，以实现可持续发展。常见的新能源替代技术包括太阳能替代技术、风能替代技术、水能替代技术、生物质能替代技术等。这些技术的应用可以在电力、交通、建筑等领域实现能源的清洁、高效利用。以下是几种常见的新能源替代技术。

（1）太阳能替代技术

太阳能替代技术是指利用太阳能来替代传统能源的技术。太阳能是一种可再生的、清洁的能源，具有广泛的应用前景。典型的应用有太阳能热水器、太阳能光伏发电、太阳能空调、太阳能照明、太阳能电动车等。

随着技术的进步和成本的下降，太阳能替代技术在未来将会得到更广泛的应用。

（2）风能替代技术

风能替代技术是指利用风能来替代传统能源的技术。风能是一种可再生的、清洁的能源。典型的风能替代技术应用如下。

1）风力发电。风力发电即利用风力驱动风力发电机，将风能转化为电能。

2）风能供暖。风能供暖即利用风力发电机产生的电能驱动供暖设备供暖，替代传统的燃气或电暖气供暖，减少能源消耗和碳排放。

3）风能泵浦。风能泵浦即利用风能来驱动水泵浦，进行水的供应（如灌溉）。

4）风能储存。风能储存即通过多种方式将风力发电机产生的电能储存起来，以便在风力不足或不可预测的时候继续供电。

5）风能交通。风能交通即利用风能来驱动交通工具，如风能船舶和风能汽车。

随着技术的进步和成本的下降，风能替代技术在未来有望得到更广泛的应用。

（3）水能替代技术

水能替代技术是指利用水能来替代传统能源的技术。水能是一种可再生的、清洁的能源，如通过水力发电产生电能。

（4）生物质能替代技术

生物质能替代技术是指利用生物质（如植物、农业废弃物等）转化的能源来替代传统能源的技术，主要途径包括生物质发酵、生物质燃烧等。

（5）地热能替代技术

地热能替代技术是指利用地下的热能进行发电或供暖的技术。

（6）潮汐能替代技术

潮汐能替代技术是指利用潮汐涨落的能量进行发电的技术。

（7）氢能替代技术

氢能替代技术是指利用氢燃料电池将氢能转化为电能的技术。

（8）核能替代技术

核能替代技术是指通过核裂变或核聚变等方式产生巨大能量的技术。

4. 与"源"相关联的"电网、负荷、储能"体系技术

《国家发展改革委 国家能源局关于推进电力源网荷储一体化和多能互补发展的指导意见》指出，源网荷储一体化和多能互补是提升可再生能源开发消纳水平和非化石能源消费比重的必然选择，对于促进我国能源转型和经济社会发展具有重要意义。

电力系统是一个需要维持瞬时平衡的系统，在传统电力系统中，主要通过发电机组的转动惯量、调频能力根据负荷的变化进行发电量调节，以实现电力平衡，即所谓的"源随荷动"。源网荷储一体化是指包含电源、电网、负荷、储能整体解决方案的运营模式，这样的模式可精准控制社会可中断的用电负荷和储能资源，提高电网安全运行水平，解决清洁能源消纳过程中电网波动性等问题，提升可再生能源电量消费比重，促进能源领域与生态环境协调可持续发展。

与"源"相关联的"电网、负荷、储能"体系技术包括高压直流输电技术、微电网、新型储能技术、分布式发电技术等。

（1）高压直流输电技术

高压直流输电是利用稳定的直流电具有无感抗、容抗不起作用、无同步问题等优点而进行的大功率远距离直流输电，常用于海底电缆输电、非同步运行的交流系统之间的联络等方面。应用高压直流输电系统，电能等级和方向均能得到快速精确的控制，从而可提高它所连接的交流电网的性能和效率。高压直流输电系统已经被广泛应用。

（2）微电网

微电网是指由分布式电源、储能装置、能量转换装置、负荷、监控、保护装置等组成的小型发配电系统。目前比较常用的有直流微电网、交流微电网、交直流混合微电网、中压配电支线微电网、低压微电网。

1）直流微电网。直流微电网的分布式电源、储能装置、负荷等均连接至直流母线，直流微电网再通过电力电子装置连接至外部交流电网。直流微电网通过电力电子变换装置可以向不同电压等级的交流、直流负荷提供电能，分布式电源和负荷的波动可由储能装置在直流侧调节。

2）交流微电网。交流微电网的分布式电源、储能装置等均通过电力电子装置连接至交流母线。交流微电网是微电网的主要形式。通过对 PCS（储能变流器）开关的控制，交流微电网可实现微电网并网运行模式与孤岛模式的转换。

3）交直流混合微电网。交直流混合微电网既有交流母线又有直流母线，既可以直接向交流负荷供电又可以直接向直流负荷供电。

4）中压配电支线微电网。中压配电支线微电网是以中压配电支线为基础将分布式电源和负荷进行有效集成的微电网，它适合用于向容量中等、对供电可靠性要求较高、较为集中的用户区域供电。

5）低压微电网。低压微电网是在低压电压等级上将用户的分布式电源及负荷适当集成后形成的微电网，这类微电网大多由电力或能源用户拥有，规模相对较小。

（3）新型储能技术

近年来，在"双碳"目标引领下，我国新型储能"家族"不断壮大，新型储能技术呈现多元化发展趋势。新型储能技术指的是除抽水蓄能以外的储能技术，包括新型锂离子电池、液流电池、飞轮储能、压缩空气储能等。对于电力系统来说，新型储能技术不但可以提升电力系统的调节能力，还可以保障电力系统的安全运行。通俗地说，新型储能技术就像是一个"充电宝"，在用电低谷时"充电"，在用电高峰时"放电"。表 3-1 为不同类型储能技术对比。

表 3-1 不同类型储能技术对比

储能技术类型	储能技术	优势	劣势	应用领域
机械储能	抽水蓄能	使用寿命长、容量大	建设周期长、对场地要求高、启动慢	电力系统调峰调频
	大型压缩空气储能	使用寿命长、容量大	对场地要求高、重量比能量小、能量转换效率低	电力系统调峰调频
	小型压缩空气储能	使用寿命长	重量比能量小	微电网
	飞轮储能	使用寿命长、重量比功率大	造价高	UPS（不间断电源）

储能技术类型	储能技术	优势	劣势	应用领域
电化学储能	锂离子电池	能量密度大	造价高	电子设备、微电网、电力系统
	铅酸电池	技术成熟、价格低	污染大、使用寿命短	通信系统、微电网
	液流电池	循环次数多、能量转换效率高	重量比能量小、体积大	分布式电源、偏远地区供电
	钠硫电池	重量比能量大、能量转换效率高	价格高、技术不成熟	电力系统
	镍氯电池	能量转换效率高	单体容量小	电动汽车、电子设备
电磁储能	超导储能	响应速度快、能量转换效率高	成本高、维护困难	输配电网
	超级电容	响应速度快、重量比功率大	成本高、储能量少	UPS

（4）分布式发电技术

分布式发电（distributed generation，简称 DG）也称分散式发电、分散型发电、分散发电，是用多种小型、连接电网的设备发电和储能的技术，是一种较为分散的发电方式。与分布式发电相对的是集中式发电。

常规发电站，如燃煤电站、天然气电站、核电站、水力发电站和大型太阳能发电站，采用的是集中式发电技术，并且通常需要对电力进行长距离传输。相比之下，分布式发电系统距离所服务的负载较近，容量小于 10 MW，具有模块化、灵活的特点。

3.1.2 能源消费端绿色低碳技术体系

碳中和过程的第二端是能源消费端。为实现"双碳"目标，要力争在居民生活、交通、工业、农业、建筑等绝大多数能源消费领域中，实现电力、氢能、地热、太阳能等非化石能源对化石能源的替代。其中，工业是我国能源消费的重要领域。主要工业行业目前应用较多的低碳技术如下。

1. 钢铁行业

（1）电弧炉短流程炼钢技术

电弧炉短流程炼钢技术是以回收的废钢作为主要原料，以电力为能源介质，利用电弧热效应，将废钢熔化为钢水的技术。这一技术实现了"以电代煤"，具有良好的降碳效应。电弧炉短流程炼钢采用绿色清洁能源冶炼低碳或微碳原辅材料，通过"非涉碳"冶炼技术生产钢坯，从而实现炼钢过程二氧化碳的近零排放。

（2）氢基直接还原铁技术

经测算，相比传统高炉炼铁工艺，采用氢基直接还原铁技术，生产 1 t 还原铁可减少二氧化碳排放 50%，减少二氧化硫排放 74%，减少氮氧化物排放 63%，降低能耗 20%。综合来看，氢基直接还原铁技术极具环境友好性，是基于我国资源禀赋的直接还原铁生产首选工艺技术，是我国绿色低碳冶金技术的一项重大突破。

（3）天然气直接还原铁技术

天然气直接还原铁技术是指以天然气为能源与还原剂，在低于铁矿石和氧化球团矿软化温度的条件下进行还原得到固态金属铁的炼铁工艺。其产品称为直接还原铁，可作为电弧炉炼钢的优质原料。

2. 化工行业

（1）新型化工工艺技术

新型化工工艺技术是可以大幅度减小化工过程中采用的设备尺寸，简化工艺流程，减少装置数量，使单位能耗、废料、副产品显著减少的新技术。

1）超重力技术。超重力技术被认为是强化传递和多相反应过程的一项突破性技术。在超重力环境下，不同物料在复杂流道中流动接触，强大的剪力将液相物料撕裂成微小的膜、丝和滴，产生巨大和快速更新的相界面，使相间传质速率比在传统的塔器中提高 1～3 个数量级，分子混合和传质过程得到高度强化。同时，气体的线速度也可以大幅度提高，这使单位设备体积的生产效率提高 1～2 个数量级，设备体积可以大幅缩小。超重力技术在传质、分子混合限制的过程及一些具有特殊要求的工业过程（如高黏度、热敏性或昂贵物料的处理）中具有突出优势，可广泛应用于吸收、解吸、精馏、聚合物脱挥、乳化等单元操作过程，纳米颗粒的制备、磺化、聚合等反应过程和反应结晶过程。该技术是一项非常有竞争力的过程强化技术，具有微型化、高效节能、产品高质量和易于放大等特征，非常符合当代过程工业向资源节约型、环境友好型模式转变的发展潮流。

2）微化工技术。微化工技术着重研究微时空尺度下"三传一反"[①]的特征与规律，采用精细化、集成化的设计思路，力求实现过程高效、低耗、安全、可控的现代化工技术。微化工系统是指通过精密加工制造的带有微结构（通道、筛孔、沟槽等）的反应、混合、换热、分离装置，在微结构的作用下可形成微米尺度分散的单相或多相体系的强化反应和分离过程。与常规尺度系统相比，微化工系统具有传热速率和传质速率高、内在安全性高、过程能耗低、集成度高、放大效应小、可控性强等优点，可实现快速强放、吸热反应的等温操作、两相快速混合、易燃易爆化合物合成、剧毒化合物的现场生产等，具有广阔的应用前景。

（2）可再生能源制氢耦合工艺技术

储能对于可再生能源的发展非常重要。基于多种原因，氢气是存储各种规模可再生能源的理想介质。

可再生能源制氢耦合工艺技术指的是利用化学能、生物质能、风能等清洁、可再生能源进行制氢的技术。传统制氢技术主要使用的是化石燃料，制氢过程中会产生并排放大量的温室气体及污染物，对环境造成较大的负面影响，而可再生能源制氢则更为环保、绿色，其大部分产物都是氢气，产生的温室气体、污染物较少甚至没有。

1）化学能制氢技术。化学能制氢技术以天然气为主要原料，具有装备简单、无须更换设备、污染物排放量低、投资少等优势。化学能制氢的过程中会产生二氧化碳，但相较于传统制氢技术，所排放的温室气体较少。

2）生物质能制氢技术。生物质能制氢技术除对环境有一定要求（需1 000 ℃以上的高温）以外，可以称得上是理想的制氢技术。我国生物质能非常丰富，无论是城市生活垃圾，还是农林废弃物，都可以作为生物质能的来源，而对这些废弃物的利用，对环境保护、经济发展都极为有利。生物质能制氢技术在我国有着巨大的发展潜力，相较于传统制氢技术，更符合当下绿色环保、节能减排的国家政策及发展理念。

3）风电光电制氢技术。风电光电制氢技术利用风能和太阳能来产生电

---

① "三传"指动量传递、热量传递、质量传递，"一反"指反应工程。

力，进而使用电力来进行水电解，将水分解成氢气和氧气。这种方法可以将可再生能源转化为氢气燃料，从而实现能源的存储和利用。风电光电制氢技术既能将不稳定的电能转化为氢气，多样化利用可再生能源制取氢气，实现规模化制氢，还能有效节约电力资源。其缺点是成本较高，与传统制氢技术相比，经济性较差。图 3-2 展示了风电光电制氢的过程及其应用。

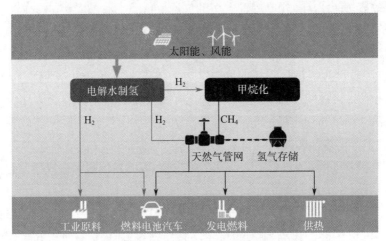

图 3-2　风电光电制氢过程及其应用

3. 水泥行业

（1）熟料替代技术

熟料替代技术即用矿渣、粉煤灰等替代部分水泥熟料，减少水泥生产过程中的二氧化碳排放。

（2）水泥窑电气化技术

电气化战略及可再生能源电力部署是水泥行业碳减排的重要举措。水泥窑电气化技术是将传统的水泥窑燃烧系统改为电力供应系统的一种技术。传统的水泥生产过程中，燃烧煤炭是主要的能源来源。运用水泥窑电气化技术，将水泥窑内的燃烧设备改造为电加热设备，使用电能进行加热，可以实现水泥生产过程的二氧化碳近零排放。

4. 有色金属行业

（1）惰性电极替代技术

惰性电极替代技术是指将传统电极（如铂电极）替换为惰性材料电极的一种新技术。传统电极材料通常昂贵且稀缺，如铂电极被广泛应用于电化学反应中，但其价格高昂，限制了电化学技术的应用。而惰性电极替代技术通过寻找替代材料，能够降低成本。

惰性电极替代技术的发展可以降低电化学技术的成本，促进其在能源转换、电池、电解等领域的应用。然而，惰性电极替代技术仍面临一些挑战，如新材料的稳定性、催化活性和可扩展性等方面的问题，需要进一步的研究和开发。

（2）有色金属再生利用技术

再生金属生产过程中的碳排放较之原生金属有显著降低。例如，再生铜的碳排放约是原生铜的 21%，再生铝的碳排放是原生铝的 3%～5%。随着有色金属行业快速发展，金属矿产原生资源快速消耗，可开采资源越来越少，行业的可持续发展将逐渐依赖于再生资源。有色金属再生利用技术对我国有色金属行业资源安全、可持续发展及节能环保具有重要作用，是有色金属行业实现碳达峰碳中和的重要路径。有色金属再生利用技术主要有 3 类。

1）保级利用技术。保级利用技术即对有色金属相关材料、产品进行重新加工，使其再生为可重新使用的新材料。

2）降级利用技术。降级利用技术即将有色金属材料在完全废弃之前用在其他可以利用的领域，使其利用价值在其生命周期内得到充分发挥。

3）化学分解再循环利用技术。化学分解再循环利用技术即采用化学方法对有色金属材料进行分解，再对分解之后的材料进行分别回收。

3.1.3 人为固碳端绿色低碳技术体系

碳中和过程的第三端是人为固碳端。人为固碳即通过生态建设、土壤固碳、碳捕集封存等方式去除不得不排放的二氧化碳。

人为固碳技术主要是碳捕集利用与封存技术，即对生产过程中排放的二氧化碳进行捕获提纯，继而将其投入新的生产过程中进行循环利用或封存的一种技术。碳捕集利用与封存技术可分为碳捕集技术、碳运输技术、碳利用技术、碳封存技术。

1. 碳捕集技术

碳捕集是指将大型发电厂、钢铁厂、水泥厂等排放源产生的二氧化碳收集起来，并用各种方法储存，以避免其排放到大气中。该技术具备实现大规模温室气体减排和化石能源低碳利用的协同作用，是未来全球应对气候变化的重要技术选择之一。

（1）燃烧前捕集技术

燃烧前捕集技术需要在燃烧前将燃料进行气化或重整，其思路是先采用天然气重整或者煤炭气化的方法将化石燃料转化为二氧化碳和氢气的混合气，再将二氧化碳从混合气中分离，剩余的氢气可以与氮气或水蒸气混合后进入燃气轮机中燃烧或者应用于燃料电池。另外，可运用气化手段将煤炭部分氧化生成主要成分为一氧化碳和氢气的合成气，这种合成气可以作为 IGCC（整体煤气化联合循环发电系统）电站的燃料。

燃烧前捕集技术的成本低于燃烧后捕集技术。而且，应用了燃烧前捕集技术的 IGCC 电站比燃煤电站更加高效，将成为未来新电站建设的一种选择。

（2）富氧燃烧技术

富氧燃烧技术采用传统燃煤电站的技术流程，但利用制氧技术，将空气中的氮气脱除，采用高浓度的氧气与抽回的部分烟气的混合气体来替代空气，这样得到的烟气中有高浓度的二氧化碳，可以直接进行处理和封存。

该技术面临的最大难题是制氧技术的投资和能耗太高。

（3）燃烧后捕集技术

相较于其他两种捕集技术，燃烧后捕集技术更加适用于传统的燃煤电站。其原理相对简单，就是将烟气冷却、除尘、脱硫脱氮后送入二氧化碳捕集设备，完成二氧化碳的捕集和分离。

2. 碳运输技术

碳运输技术即根据不同条件、要求、输送量等选择适当的运输方式，把捕集到的二氧化碳输送到利用或者封存地点。二氧化碳的运输状态可以是气态、超临界状态、液态、固态，其中流体态（气态、超临界状态和液态）二氧化碳便于大规模运输，管道运输通常采用超临界状态。已实际应用的二氧化碳运输方式主要有管道运输、轮船运输和罐车运输。这 3 种运输方式适用于不同的运输场合与条件。管道运输适用于大容量、长距离、负荷稳定的定向输送。轮船运输适用于大容量、超远距离、靠近海洋或江河的地点间的运输。罐车运输适用于中短距离、小容量的运输，其运输相对灵活。

3. 碳利用技术

二氧化碳是一种丰富的碳资源，回收再利用不仅能够降低二氧化碳的排放，还能带来良好的经济效益，一举两得。因此，碳利用技术将在我国二氧化碳减排过程中扮演重要角色。

二氧化碳回收后可用于合成高纯一氧化碳、膨化烟丝、生产化肥、萃取超临界二氧化碳、制作饮料添加剂、食品保鲜和储存、制作灭火器、粉煤输送、合成可降解塑料、改善盐碱水质、培养海藻、油田驱油等。其中合成可降解塑料和油田驱油技术产业化应用前景广阔。利用二氧化碳驱油即把二氧化碳注入油层中以提高油田采收率。利用二氧化碳驱油一般可使原油采收率提高 7%～15%，使油井生产寿命延长 15～20 年。

4. 碳封存技术

（1）地质封存

地质封存是将二氧化碳加压灌注至适宜的地层中，用地层的孔隙空间储存二氧化碳。该地层之上必须有透水层作为盖层，以密封注入的二氧化碳，防止泄漏。全球都可能存在适合二氧化碳封存的沉积盆地，包括沿海地区。

如果二氧化碳从封存的地点泄漏到大气中，就可能引发显著的气候变化。如果二氧化碳泄漏到地层深处，就可能给人类、生态系统和地下水造成灾害。此外，对地质封存效果进行测试的科学家发现，被注入地层深处的二氧化碳还会破坏地层中的矿物质。

（2）海洋封存

海洋封存是指运用管道或船舶将二氧化碳运输到海洋中，将二氧化碳注入深层海水或海床。

这一方法存在许多问题。一是费用昂贵。二是二氧化碳进入海洋会对海洋生态系统产生影响。研究表明，海水中如果溶解了过多的二氧化碳，会对海洋生物的生长产生重要影响。三是海洋封存不是一劳永逸之举，储存在海洋中的二氧化碳会缓慢地逸出水面，回归大气。因此，二氧化碳的海洋封存只能暂时缓解二氧化碳在大气中的积累。

（3）矿石碳化

矿石碳化是指利用存在于天然硅酸盐矿石（如橄榄石）中的碱性氧化物与二氧化碳发生反应生成稳定的碳酸盐，从而将二氧化碳固化。二氧化碳经矿石碳化后不会释放到大气中，因此相关的风险很小。但矿石碳化的自然发生过程非常缓慢，因此研究重点在于寻找使这一进程加快的加工途径。

3.2　节能提效方法

通过能效提升（如提高建筑保温性能或废热回收利用等），可降低建筑物、工厂或基础设施的能源强度。提升能效对于实现碳中和目标至关重要，联合国环境规划署提出，要将提升能效看作世界经济发展的"第一能源"；国际能源署（IEA）将提升能效与可再生能源、碳捕集利用与封存等除碳技术并列为三大碳中和手段。节能提效工程是实现碳中和目标的重要工程，即通过意识节能、结构节能、技术节能、管理节能等举措，推动能源消费的刚性或强制性节约与高效。

下文将介绍流程再造和再电气化两种节能提效方法。

3.2.1　流程再造

工业领域能源消费端，特别是钢铁、水泥、化工等难减排行业的深度减排，是全球实现碳中和的难点。流程再造需要调整产业用能结构，淘汰高耗能产业，有序推进产业结构调整、转型升级，提高能源利用效率，同时加快节能技术及装备研发，推进新一代数字技术、信息技术与能源行业的深度融合，依靠技术创新提高能效，健全节能提效制度，加大奖惩力度，保障节能减排管理长期稳定运行。

流程再造包括燃料原料替代、过程智能重塑、过程工艺革新等。本书以水泥行业为例来说明流程再造中的燃料原料替代。

1. 原料替代

某些天然矿物，或者化工行业产生的固废（如电石渣、造纸污泥、脱硫石膏、冶金渣尾矿等）成分包含氧化钙、氧化硅等，可以应用于水泥生产，替代传统石灰石原料，避免石灰石在分解炉中分解造成的二氧化碳排放。

2. 燃料替代

燃料替代即摒弃煤炭、石油等碳排放高的燃料，改为应用生物质能、氢能、电能等碳排放少的能源。常用的替代能源的碳排放强度比煤炭低20%～25%。不考虑能源来源问题的话，使用氢能可以达到二氧化碳的零排放。应用替代能源可以显著降低燃料燃烧产生的碳排放。

3. 熟料替代

熟料替代即对各种混合材进行深加工之后将其与熟料混合而生产水泥，混合材可以起到部分替代熟料的作用。熟料替代对二氧化碳的减排是有利的。适量的混合材并不会对水泥的工程质量产生负面影响，而且应用混合材也是建筑行业中调节水泥性能的措施中最为经济有效的。

3.2.2 再电气化

再电气化是推进能源清洁利用、实现碳中和目标的重要途径。再电气化的内涵包括清洁化、电气化、数字化和标准化，即在能源生产侧实现"清洁替代"，增加清洁能源供应；在能源消费侧推进"电能替代"，建设高度电气化社会；通过数字化为能源电力赋能，实现高度感知、双向互动、灵活高效；以标准化促进科技创新和成果转化，建设与国际接轨的碳标准体系，推动低碳技术进步、产业升级和成果共享。

图 3-3 为再电气化的重点领域。再电气化的本质是高效利用清洁能源，在能源消费侧以清洁电能替代化石能源。其不仅涉及能源系统本身的转型升级，更是一场广泛而深刻的经济社会变革。有研究结合我国经济

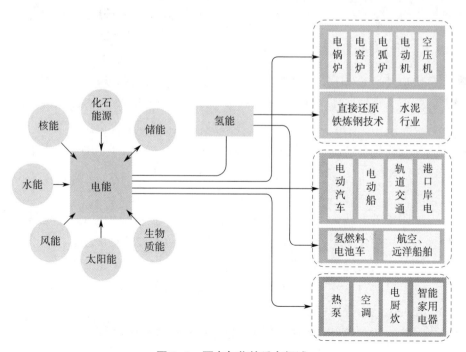

图 3-3 再电气化的重点领域

发展，从价格弹性和技术扩散的角度，分析"电能替代""多能互补"等转型模式的科学性和可行性。虽然大部分学者认为再电气化有助于社会发展，但也有观点认为需要区分不同国家、不同地区进行研究、讨论。实施再电气化需要坚持系统观念，充分考虑能源、经济、环境各要素，提出科学合理的发展路径。

未来推进再电气化进程的方法主要有大力提高工业、交通、建筑、日常生活等用能终端的电气化水平（如将电力占终端能源消费比重由当前的25% 提升到 75%）；用碳中和电源或低碳电源（如风力发电、光伏 / 光热发电、地热发电、生物质能发电、海洋能发电或超临界二氧化碳布雷顿循环发电等）逐渐取代化石燃料电源；采用一体化、新型输电 / 配电设备构成新一代电力系统，以适应碳中和的新需求。

3.3　减碳固碳方法

减排固碳，是助力"双碳"目标实现不可缺少的环节。减碳固碳的方法有很多，下文将主要分析新能源开发、碳汇项目开发、碳捕集利用与封存这 3 种方法。

3.3.1　新能源开发

1980 年联合国召开的"联合国新能源和可再生能源会议"对新能源开发的定义为：以新技术和新材料为基础，使传统的可再生能源得到现代化的开发和利用，用取之不尽、周而复始的可再生能源取代资源有限、对环境有污染的化石能源，重点开发太阳能、风能、生物质能、潮汐能、地热能、氢能和核能。

（1）太阳能的开发利用

太阳能的开发利用主要是用光 – 热转换、光 – 电转换、光 – 化学能转换等方式对太阳能进行利用，利用太阳能的主要技术有被动式太阳能系统、固定式太阳能集热系统、太阳能电池、跟踪集热器、太阳能光伏发电设备、卫星动力系统等。

（2）风能的开发利用

风能的开发利用主要是利用风能发电或将风能转换成机械能用作动力。

（3）生物质能的开发利用

生物质能的开发利用主要是将生物质（包括固态生物质、液态生物质、气态生物质等）作为燃料，用可再生的生物质（如生物质颗粒、沼气、生物甲烷、生物乙醇、生物柴油等）代替不可再生燃料。

（4）潮汐能的开发利用

潮汐能的开发利用主要是利用海洋中的波浪、海流、潮汐、温差和盐度差蕴藏着的能量发电。

（5）地热能的开发利用

地热能是一种新的洁净能源。在地热能利用规模上，我国近些年来一直位居世界首位，并以每年近10%的速度稳步增长。地热能的开发利用以地热发电为主。除地热发电外，直接利用地热水进行建筑供暖、发展温室农业和温泉旅游等利用途径也得到较快发展。

（6）核能的开发利用

核能的开发利用主要是建设以快中子反应堆释放的热能转换为电能发电的核电站。

3.3.2　碳汇项目开发

联合国对碳汇一词的定义为从大气中吸收二氧化碳的过程、活动或机制。碳汇也指具有交易价值的碳资产。

目前碳汇项目主要包括森林碳汇、草地碳汇、耕地碳汇、海洋碳汇等。

1. 森林碳汇

森林碳汇即森林植物通过光合作用将大气中的二氧化碳吸收并固定在植被与土壤当中，从而降低大气中二氧化碳浓度的过程。而林业碳汇则是利用森林的储碳功能，通过植树造林、加强森林经营管理、减少毁林、保护和恢复森林植被等活动，吸收和固定大气中的二氧化碳，并按照相关规则与碳汇交易相结合的过程、活动或机制。

《京都议定书》承认森林碳汇对减缓气候变暖的贡献，并要求加强森林可持续经营和植被恢复及保护，允许发达国家通过向发展中国家提供资金和技术，开展造林、再造林碳汇项目，将项目产生的碳汇额度用于抵消其国内的减排指标。

2. 草地碳汇

草地碳汇主要是草本植物将吸收的二氧化碳固定在地下的土壤当中的

过程，植物体内的固碳比例较小，仅占一成左右。多年生草本植物的固碳能力很强，随着我国退耕还林、还草工程的实施，退还草地带来的固碳增量明显，可充分发挥草地的固碳作用。

3. 耕地碳汇

耕地碳汇是指作物在生长过程中通过光合作用吸收大气中的二氧化碳并将其以有机质的形式存储在土壤中，从而降低大气中二氧化碳浓度的过程。同时，碳汇能够增加土壤的有机质含量和提升土壤肥力。与自然土壤相比，耕地在全球碳库中更为活跃。但耕地碳汇容易受到多种因素影响，在自然因素和耕作、施肥等农田管理措施的作用下，耕地碳库处于不断变化中。

4. 海洋碳汇

海洋碳汇是将海洋作为一个特定载体，吸收大气中的二氧化碳，并将其固化的过程和机制。地球上超过一半的绿色碳和生物碳是由海洋生物（细菌、浮游生物、海草、红树林、盐沼植物等）捕获的，相同面积海洋中生物固碳量是森林的 10 倍，是草原的 290 倍。

3.3.3 碳捕集利用与封存

碳捕集利用与封存是应对全球气候变化的关键技术之一，受到世界各国的高度重视，纷纷加大研发力度。随着技术的进步及成本的降低，碳捕集利用与封存技术前景光明。

图 3-4 为碳捕集利用与封存示意图。主要的碳捕集利用与封存技术在前文中已详细介绍。碳捕集利用与封存技术不仅可以实现化石能源利用近零排放，促进钢铁、水泥等难减排行业的深度减排，而且对在碳约束条件下增强电力系统灵活性、保障电力安全稳定供应、抵消难减排的二氧化碳和非二氧化碳温室气体排放、最终实现碳中和目标等方面都具有重要意义。

3.4 科技创新方法

3.4.1 数字技术带来减排效应

当前，数字化和低碳化是全球经济的"主旋律"。

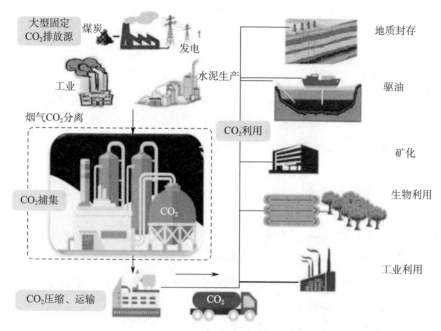

图 3-4　碳捕集利用与封存示意图

　　世界经济论坛发布的数据显示，到 2030 年，全球各行业因受益于信息通信技术（ICT）而减少的碳排放量将达 121 亿吨，这是 ICT 行业自身排放量的 10 倍。减少的碳排放主要通过智慧能源、智慧制造、智慧城市等实现。人工智能、大数据、云计算、区块链等数字技术和数字化解决方案的发展将带来显著的碳减排效应。当前，数字技术与各实体产业不断渗透融合，极大提升了产业劳动生产率和企业经营决策效率，进而降低了各环节能耗，有效促进了我国经济增长与碳排增长的脱钩。

　　那么，数字技术对于碳减排的促进作用主要体现在哪里呢？其一，数字技术本身的发展带来能源消耗的降低。以 5G 为例，相比前代技术其每单位数据传输能耗大幅降低，同时还降低了智能手机、物联网终端和其他设备的电池耗电量。大数据中心也可以凭借深度神经网络学习降低能源的消耗。其二，数字技术将对传统产业链结构进行重组和优化。例如，通过人工智能、数字孪生等技术可以增强工业、农业、能源、建筑、交通基础设施上下游的协作，加深各行业关联度，实现资源复用，从而减少不必要的能耗。其三，数字技术作为众多全新场景的技术底座，在很大程度上改变了人类原有的生活、工作方式。交通排放本是全世界最大的空气污染源和碳排放源之一，而远程办公、线上会议逐渐替代了以往通勤、差旅的场景，降低了汽车、火车、飞机等交通工具的使用频率，从而减少了交通排放。

聚焦我国，全球电子可持续发展倡议组织的研究显示，数字技术与重点碳排放领域深度融合，减少能源与资源消耗，实现生产效率与碳效率的双重提升，帮助我国每年减少二氧化碳排放 1.4×10^9 t。下面将主要解析数字技术对电力、交通运输等高碳排放行业的赋能。

1. 数字技术对电力行业的赋能

对于传统电厂来说，可以建立大数据检测中心，加强电网运行状态大数据的采集、归集、智能分析处理，实现设备状态感知、故障精准定位。人工智能技术的应用将促进传统电网升级、电网资源配置能力提升，推动电网向智慧化发展，全面提升智能调度、智慧运检、智慧客户服务水平。数字技术助力电力行业碳减排的着力点包括但不限于数字技术赋能输配电网智能化运行，推动城市、园区、企业、家庭用电智能化管控系统构建，数字化储能系统加速实现规模化削峰填谷。

2. 数字技术对交通运输行业的赋能

未来我国交通运输总体需求仍将保持增长趋势，这意味着我国交通运输行业碳排放还将继续增长，要在 2030 年实现碳达峰仍存在一定挑战。从我国交通运输碳排放结构来看，营运性公路和非营运性公路碳排放占比分别为 50.7% 和 36.1%；以单位货物周转量来看，公路运输的能耗和污染物排放量分别是铁路运输的 7 倍和 13 倍。同时，我国乘用车平均油耗高于欧盟和日本。因此，公路运输和城市交通优化将是交通领域碳达峰的关键。采用大数据、车联网等技术进行资源配置优化，能够构建起更为灵活、高效、经济和环境友好的智慧绿色交通体系。此外，车辆的智能化、出行结构的优化和出行效率的提升、电动汽车的充放电优化、新能源汽车与可再生能源协同也是数字技术促进交通领域碳减排的着力点。

3.4.2　元宇宙引领绿色 GDP

高度数字化、智能化的元宇宙，作为新一轮科技革命的集大成者，是碳中和所需的有力工具。

元宇宙是数字经济发展集大成的体系，其发展将提高社会经济形态中数字经济的占比，而数字经济本身具有平台化、数字化、共享化等典型绿色属性，数字经济比重的提高将推动我国经济低碳化发展。

元宇宙是由 3 个世界所构成的，分别是虚拟世界、数字孪生的极速版真实世界、虚实融合的高能版现实世界。在这 3 个世界中，元宇宙对碳中和进行了全方位赋能。

1. 虚拟世界

虚拟世界分为休闲娱乐和设计仿真两部分。休闲娱乐部分完全是基于想象力和创造力建造的纯虚拟世界，除了算力什么也不消耗，只要使用的是可再生能源所产生的绿色电力，休闲娱乐部分就是低碳甚至趋近于零碳的。而虚拟世界的设计与仿真功能，可应用于碳中和新材料、新技术、新产品、新设备、新项目等的研发，不仅可增强创新、研发和设计能力，还可降低研发、试制、测试等相关环节的碳排放。

2. 数字孪生的极速版真实世界

数字孪生的极速版真实世界，就是运用数字技术将现实世界映射到数字世界的元宇宙中。一方面，数字化算法可以优化其映射的现实世界的资源配置，实现资源的高效利用，进而达到单位 GDP 碳排放持续下降的效果；另一方面，真实世界中绝大多数需要面对面沟通和处理的事情，都可以在这个数字孪生世界中极速高效地完成，如使用远程方式操控机器进行手术、远程控制和管理设备及工厂、旅游等，可大大降低现实世界中因各类人员流动而产生的交通等领域的碳排放。

3. 虚实融合的高能版现实世界

虚实融合的高能版现实世界是将前两个世界强大的数字化、智能化能力通过 AR（增强现实）、MR（混合现实）等设备赋能给现实世界的人们，让现实世界中人的能力持续增长，人人成为"高能者"从而使现实世界成为"高能世界"，带来新的技术突破，包括碳中和技术的突破，同时也继续促进前两个世界的持续发展。此时，第一个世界的虚拟数字信息和第二个世界的孪生数字信息，都将被 AR、MR 等设备按需叠加在现实世界的每一个人、物和场景上，而且每个人、物、场景叠加的信息可能都不一样。

接下来以电力系统为例解析一下元宇宙在碳中和行动中的应用。元宇宙自诞生以来就与电力系统紧密耦合。现阶段，电力系统正处于转型升级的开始阶段，电网运行信息、电力企业运营信息都在进行数字化升级，电力系统的物理载体和运营主体都在发生着数字化的变革，为融入元宇宙奠定了基础。促进电力系统与元宇宙相关新概念、新技术、新应用融合发展，是电力系统转型的关键。

　　建立元宇宙电力系统是建设数字化、信息化、智能化新型电力系统的有效验证手段。建设新型电力系统需要进行大量的数字化仿真建模分析。元宇宙电力系统提供了沉浸式仿真的有效工具，能够为新型电力系统的建模、分析、运行控制提供技术支撑，对实现"双碳"目标具有重要的意义。图 3-5 为传统与新型电力系统对比。

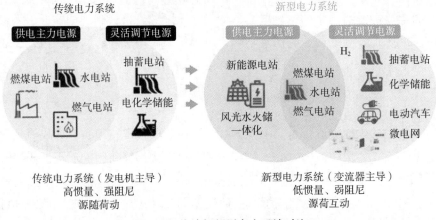

图 3-5　传统与新型电力系统对比

第四章 "双碳"目标下
能源供应端的转型

长期以来，我国的能源结构都是以化石能源（尤其是煤炭）为主体。尽管近年来非化石能源发展十分迅速，规模持续扩大，但是化石能源在我国能源结构中的地位难以在短期内发生根本性的改变。在未来较长时间内，我国能源发展需要坚持三大重点工作：一是加快新（非化石）能源规模化和科学化发展；二是系统化提升能源利用效率；三是促进化石能源低碳化转型。

在"双碳"目标愿景下，以传统化石能源为主的能源供应端需要科学合理地转型。化石能源的转型发展，核心是促进化石能源产业升级，推动化石能源高效、低碳、绿色和可持续发展，本质是高效开发和利用。推动清洁能源创新将成为我国能源供应端转型的关键方向。构建新型电力系统，增加新能源消纳能力，推进煤炭和新能源优化组合，成为落实国家能源转型战略的重要课题。

能源供应端转型是一个庞大的系统工程，在转型过程中，必须处理好能源安全、可持续发展和社会公平之间的协调问题。

4.1 能源危机与应对

4.1.1 化石能源供应短缺

统计数据显示，截至 2022 年年底，全球已探明的天然气储量约 2.11×10^{12} m^3，储采比（指某年年末剩余储量除以当年产量，按该年生产水平尚可开采的年数）为 47.8；石油储量约为 $2.406\ 9 \times 10^{11}$ t，储采比为

52.1；煤炭储量约为 1.05×10^{12} t，储采比大于 100。随着科学技术的进步和勘探力度的加强，化石能源的探明程度越来越高，但是由于其开采成本高、环境污染大等问题，仍然很难满足社会不断增长的需求。

我国的化石能源探明储量约 7.5×10^{11} t 标准煤，总量较大，但人均能源拥有量却远远低于世界平均水平。煤炭、石油、天然气人均储采比，分别只有世界平均水平的 58.6%、7.69% 和 7.05%。其中煤炭储量相对丰富，但从中长期来看，其开发利用仍面临赋存条件、勘探水平、运输条件、安全因素等多方面因素的限制，能被有效开发利用的煤炭资源量明显不足。

我国的能源对外依存度很高，其中石油和天然气的对外依存度分别超过 70% 和 40%。复杂的国际关系、动荡的地缘政治、不平等的地区溢价、不稳定的运输线路等因素，都对我国进口石油的成本造成了重要影响。

4.1.2 化石能源消费量与产量失衡

随着社会和经济的发展、人口的增长及生活水平的不断提高，人均能源消费量和能源消费总量快速增长。从 2022 年我国化石能源统计数据来看，化石能源生产量与消费量是失衡的。我国 2022 年煤炭产量为 4.56×10^9 t，煤炭消费量达 5.41×10^9 t；石油产量为 2.05×10^8 t，石油进口量为 5.08×10^8 t，对外依存度为 71.2%；天然气产量为 $2.177\,9 \times 10^{11}$ m³，天然气进口量为 $1.520\,7 \times 10^{11}$ m³，对外依存度约 40%。

4.1.3 能源危机的解决方案

针对化石能源的生产及消费过程中急需解决的问题，可以采取如下解决方案。

1. 积极发展低碳经济，大力开发新能源

低碳经济是低排放、低能耗，经济效益、社会效益和生态效益相统一的新的经济发展模式。我国对低碳经济的发展十分重视，但传统的高能耗、高排放的产业在产业体系中仍占比较高。国家层面出台过多项治理高能耗、高排放产业的政策，例如 2000 年，国家经贸委对依法清理整顿小钢铁厂提出相关意见，要求分 3 年完成具体要求范围内的小钢铁厂的关停；国家要求在"十一五"期间，在大电网覆盖范围内逐步关停单机容量 5×10^4 kW 以下的常规火电机组；国家要求在"十三五"期间从严淘汰落后产能，依法依规淘汰关停不符合要求的 3×10^5 kW 以下煤电机组（含燃

煤自备机组)。

大力开发新能源,是解决能源危机的根本途径。开发新能源通常是指开发太阳能、风能、核能、化学能、氢能、地热能、生物质能、海洋能、潮汐能、可燃冰等。以发电行业为例,2022年我国发电装机容量约达 2.53×10^9 kW,同比增长8.4%,非化石能源发电装机容量合计约达 1.27×10^9 kW,同比增长14%,占总发电装机容量比重突破50%。我国2022年全年风电发电量为 $7.626\ 7 \times 10^{11}$ kW·h,占全国年总发电量的8.6%;太阳能光伏发电量为 $4.272\ 7 \times 10^{11}$ kW·h,占全国年总发电量的4.8%;运行核电机组共55台,全年累计发电量为 $4.177\ 8 \times 10^{11}$ kW·h,占全国年总发电量的4.7%;水利发电量为 $1.352\ 2 \times 10^{12}$ kW·h,占全国年总发电量的15.3%。2022年全年水电、核电、风电、太阳能发电等清洁能源发电量比上年增长8.5%。可见,我国新能源发展迅速,成效显著,发展潜力巨大。

2. 实现进口渠道多元化,建立长效储备机制

当前世界能源结构发展趋势已发生改变,能源消费结构以石油和天然气为主,同时积极开发新能源。世界能源结构的改变必然促使我国进行能源结构调整。目前我国的主要能源仍是煤炭,能源安全系数低,因此必须优化我国能源结构体系和化石能源进出口体系,增加能源安全系数。为了减少复杂的国际关系、动荡的地缘政治、不平等的地区溢价、不稳定的运输线路等因素对我国化石能源进口的不利影响,确保国家能源安全,必须实现进口渠道多元化,建立长效储备机制。例如,鼓励社会资本参与石油储备设施建设运营;提升天然气储备和调节能力,推进地下储气库、液化天然气接收站等储气设施建设;依靠制度优势,进行大范围调度与配送等。

3. 节约能源,提高能源利用效率

节约能源和提高能源利用效率是我国中长期能源供需平衡的保障。目前我国能源利用效率不高,相较于发达国家仍有差距。经济合作与发展组织的测算显示,2021年我国能源产出率(指一定范围内生产总值与能源消耗量的比值)为美国的84%、德国的57%、日本的59%。因此,我国提高能源利用效率的节能潜力仍然很大。有研究表明,通过加强能源开发与利用领域科技创新,用更先进的技术和设备替代现有的技术和设备,可以使能源产出率提高一倍。

4.2　发展新能源

新能源是与常规能源相对的概念，随着时代的发展，新能源的内涵可能会变化和更新。目前，新能源主要包括太阳能、风能、核能、化学能、氢能、地热能、生物质能、海洋能、潮汐能、可燃冰等。新能源分布广、储量大、清洁环保，将为人类提供发展的动力。新能源开发与利用是应对化石能源危机和气候危机的重要路径。

4.2.1　太阳能

1. 概述

太阳是一个庞大的能源体。太阳辐射到地球大气层的能量仅为其总能量的二十二亿分之一，约为 3.75×10^{20} MW。由于穿过大气层时能量衰减，其传递到地球表面的能量约为 8.5×10^{10} MW，相当于目前全世界年总发电量的几千倍。图 4-1 是地球上的能流图。从图中可以看出，地球上的风能、水能、生物质能、海洋能、地热能及部分潮汐能都来源于太阳能；地球上的化石能源从根源来说也是远古以来储存下来的太阳能。

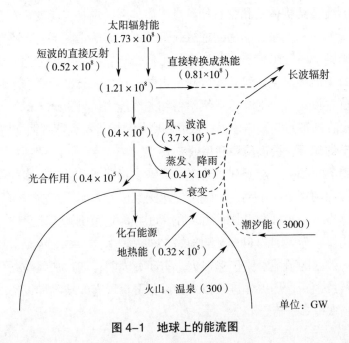

图 4-1　地球上的能流图

我国具有较丰富的太阳能资源。中国气象科学研究院的研究数据显示，全国2/3的国土年日照超过2 000 h，年平均太阳辐射总量超过5 900 MJ/（m² · a）。根据我国各地区年太阳辐射总量，划分出太阳能资源分布情况不同的五类地区，见表4-1。

表4-1 我国各地区太阳能资源情况

地区分类	全年日照时间/h	年太阳辐射总量/[MJ/（m² · a）]	折合燃烧标准煤/kg	地区
一	3 200～3 300	6 700～8 400	230～280	宁夏北部、甘肃北部、青海西部、西藏西部、新疆东南部
二	3 000～3 200	5 900～6 700	200～230	河北西北部、山西北部、新疆南部、宁夏南部、内蒙古南部、甘肃中部、青海东部、西藏东南部
三	2 200～3 000	5 000～5 900	170～200	吉林、辽宁、山东、河南、云南、北京、新疆北部、陕西北部、江苏北部、安徽北部、河北东南部、甘肃东南部、山西南部、广东南部、福建南部
四	1 400～2 200	4 200～5 000	140～170	黑龙江、湖北、湖南、江西、浙江、广西、广东北部、陕西南部、江苏南部、安徽南部、福建北部
五	1 000～1 400	3 499～4 200	110～140	四川、贵州

表4-2中一、二类地区为太阳能资源丰富地域，最适宜利用太阳能；三类地区也具有利用太阳能的优势；四类和五类地区分别为太阳能资源较贫乏和贫乏地区，一般不适宜利用太阳能。

太阳能属于一次清洁能源，也是可再生能源。太阳能资源丰富，既可以免费使用，又无须运输，对环境无任何污染。但太阳能的开发利用也受到一定限制：一是太阳能的能流密度小；二是太阳能具有间断性与不稳定性，即太阳辐射强度受到昼夜、天气、季节、纬度、海拔高度等自然条件的影响；三是目前的技术水平下太阳能利用效率低、成本高。

2. 太阳辐射相关原理

太阳辐射的能量来源于其内部的核聚变反应。根据估算，在未来的几十亿年里，太阳能可以说是用之不竭的。

众所周知，地球一直围绕地轴自西向东自转，每旋转一周为一昼夜。与此同时，地球还在偏心率很小的椭圆轨道上环绕太阳不停地公转，每环绕一周为一年。地轴与公转轨道面的法线始终成23.5°夹角。地球公转时地轴的方向不变。因此地球处于运行轨道的不同位置时，太阳光投射到地球上的方向也就不同，于是形成了地球上的四季变化。而地球大气层外边缘某一点受到的辐射强度与距辐射源的距离的平方成反比，这就意味着某一点的太阳辐射强度会随日地间距离不同而变化。然而，因为日地间距离极大，所以地球大气层外的太阳辐射强度几乎可以看作一个常数。因此人们采用"太阳常数"来描述地球大气层上方的太阳辐射强度，世界气象组织仪器和观测方法委员会推荐的太阳常数标准值为（1 367±7）W/m^2。

太阳辐射穿过大气层而到达地球表面时，由于大气中氧气、氮气、二氧化碳分子、水蒸气及尘埃等对太阳辐射的吸收、反射和散射，不仅使辐射强度减弱，还会改变辐射的方向和辐射的光谱分布。因此实际到达地面的太阳辐射通常是由直射（太阳辐射方向未发生改变）和漫射（太阳辐射被大气反射、散射后方向发生了改变）两部分组成。抵达地面的太阳辐射强度主要受大气层厚度影响，大气层越厚，抵达地面的太阳辐射就越弱。此外大气状况和大气质量对到达地面的太阳辐射强度也有影响。太阳辐射穿越大气层的路径长短与太阳辐射方向有关。因此，地球上不同地区、不同季节、不同气象条件下抵达地面的太阳辐射强度均不同。表4-2给出了不同地区平均太阳辐射强度。通常根据各地区的地理和气象情况，绘制各种可以供工程使用的太阳辐射强度相关图表，用于建筑采暖、空调设计等。

表4-2　不同地区平均太阳辐射强度

地区	平均太阳辐射强度	
	MJ/（m^2·d）	W/m^2
热带、沙漠地区	18～21.6	210～250
温带地区	10.8～18	130～210
阳光较少地区（北欧）	7.2～10.8	80～130

3. 太阳能热利用

（1）太阳能集热器

太阳能集热器是把太阳能转换成热能的设备，是太阳能热利用的关键设备。目前应用的太阳能集热器主要有平板集热器、真空管集热器、U形管集热器及热管集热器。

1）平板集热器。平板集热器主要由吸热体、透明盖板、隔热材料和壳体组成，其断面结构如图4-2所示。它是利用太阳能加热介质的部件，自身不能独立工作，只能与其他专用热介质系统设备结合使用。

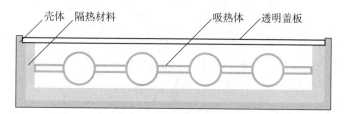

图4-2　平板集热器断面结构

2）真空管集热器。20世纪70年代，真空集热管研制成功。全玻璃真空集热管的结构如图4-3所示。多支真空集热管组装在一起即构成了真空管集热器。为了增加太阳能的采集量，有的真空管集热器背部还加装了反光板。真空管集热器主要可以分为全玻璃真空管集热器、玻璃–U形管真空管集热器、玻璃–金属热管真空管集热器、直通式真空管集热器和储热式真空管集热器。我国自20世纪70年代末引进美国全玻璃真空管集热器的样管以来，经过多年努力，已经成功研发出具有自主知识产权的全玻璃真空管集热器和新型全玻璃直通式真空集热管技术，并建立了较大规模的生产基地，产品质量达到世界先进水平，生产能力居世界前列。

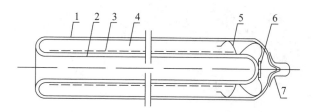

图4-3　全玻璃真空集热管结构

1—外玻璃管　2—内玻璃管　3—选择性吸收涂层　4—真空夹层
5—弹性支架　6—消气剂　7—保护帽

3）U形管集热器。U形集热管的结构如图4-4所示。多支U形集热管与储热箱相连组装成完整的U形管集热器。太阳光照射在U形集热管上，透过全玻璃真空管抵达内管壁处的选择性吸收涂层，太阳能转换成热能从内管壁传输到金属翅片和相变填充材料，再进一步传给U形管内的介质，介质在U形管与储热箱之间循环实现热能的传输及存储。

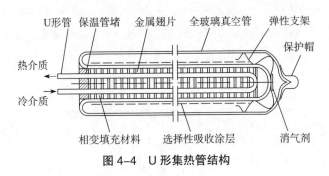

图4-4　U形集热管结构

4）热管集热器。热管集热器的结构与工作原理如图4-5所示。太阳光照射在热管集热器上，透过玻璃真空管抵达内管壁处的选择性吸收涂层，太阳能转换成热能从内管壁传输到铝翅片，再进一步传给铜热管内的相变液体，相变液体吸收热量汽化并上升到铜热管上端，与铜歧管内部的流动介质换热后形成冷凝液靠重力向下回流至铜热管底部，再次吸收热量汽化，形成循环。这一过程实现了光 – 热转换、热能的传输与存储。

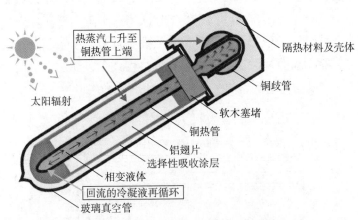

图4-5　热管集热器的结构与工作原理

（2）太阳能热水器

太阳能热水器发明至今已有130多年的历史。目前，我国太阳能热水器的年生产量是欧洲的 2 倍、北美的 4 倍，已成为世界上最大的太阳能热水器生产国和消费市场。统计数据表明，整个太阳能热水器行业还在以每年 20%～30% 的速度高速发展。

太阳能热水器是将太阳能转换为热能的热水加热装置。太阳能热水器通常由集热器、储热水箱、连接管道及附件组成。按照流体流动方式分类，太阳能热水器可分为闷晒式、直流式和循环式。

1）闷晒式太阳能热水器。这类太阳能热水器的工作原理是静止的水闷在集热器中受热升温，故称为闷晒式。此类太阳能热水器结构简单，当集热器中水温升高至所需温度即可放水使用。

2）直流式太阳能热水器。这类热水器中，水从集热器中直接通过不进行循环，故称为直流式。为使集热器出水温升足够，通常其水流量都比较小。

3）循环式太阳能热水器。循环式太阳能热水器是应用最为广泛的热水器。按水循环动力可分为自然循环太阳能热水器和强制循环太阳能热水器，典型产品分别是真空管太阳能热水器和平板式太阳能热水器，如图 4-6 和图 4-7 所示。

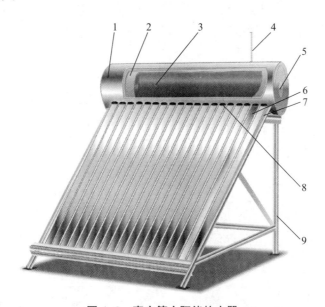

图 4-6　真空管太阳能热水器

1—保温水箱外壳　2—保温层　3—保温水箱内胆　4—排气孔　5—辅助电加热
6—玻璃真空集热管　7—管托架　8—密封圈　9—固定架支脚

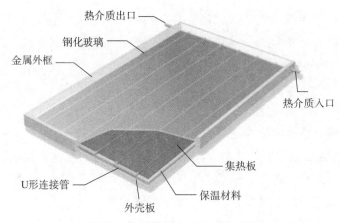

图 4-7　平板式太阳能热水器

国外应用较多的是平板式太阳能热水器，国内则多为真空管太阳能热水器。真空管太阳能热水器易碎，不易运输与安装，维护成本较高，玻璃管间隙大，单位面积有效集热量较小，使用寿命短，不适合高层建筑使用，应用在寒冷地区为防冻另要加管道辅助电加热，额外增加能耗。平板式太阳能热水器热效率可达 76%，易安装，冬天不冻堵，在太阳能与建筑一体化应用中，其更具建筑美观性，可以兼具充当房顶屋面和集热双重功能，而且能以阳台式、墙式、天窗式、半嵌入式等多种形式与建筑结合。

（3）太阳房

太阳房分为主动式太阳房和被动式太阳房两类，如图 4-8 所示。被动式太阳房依靠建筑物本身的结构充分利用太阳能以达到采暖目的。主动式太阳房以太阳能集热器和相应的储热装置作为热源来代替常规热水（或热风）采暖系统中的锅炉。

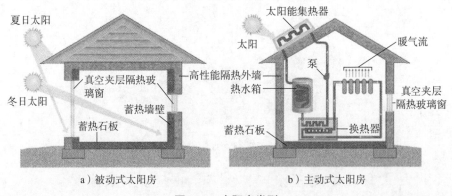

a）被动式太阳房　　　　　　b）主动式太阳房

图 4-8　太阳房类型

1）被动式太阳房。图 4-8a 是一种自然供暖的被动式太阳房。夏天日晒位置高，这种太阳房靠长屋檐遮挡太阳光以减少进入房间的热辐射，并且利用高性能隔热外墙和真空夹层隔热玻璃窗充分减少传入房间的热量，成为高隔热的太阳房。冬天日晒位置较低，太阳光可以更充分地通过真空夹层隔热玻璃窗照射到房间的地面与墙面上，热能被蓄热石板地面和蓄热墙壁吸收储存，隔热性能优异的墙体和真空夹层隔热玻璃窗能够减少散失到室外的热量，进而能使房间内昼夜室温维持在较高水平，成为高保暖的太阳房。

被动式太阳房形式多种多样，建造技术相对简单。随着建筑材料性能提升与成本降低，以及房屋结构设计更加科学与合理，被动式太阳房会越来越多地被节能建筑所采用。随着农村经济的发展和城镇化进程的加快，未来在我国的西北、华北等太阳能资源丰富的地区将建成更多的新型被动式太阳房。

2）主动式太阳房。主动式太阳房的结构形式很多，图 4-8b 是一种典型的主动式太阳房。它是利用太阳能热水器强制循环系统实现房间主动供暖，其结构与系统简单，太阳能集热器放在室外房顶，太阳能加热的热水可以进入热水箱储存备用，也可以由泵进入换热器放热后再回到太阳能集热器采热，而换热器中升温的热水可以通过供暖管路进入房间内散热器，放热加热室内空气，从而实现可控的主动供暖与供水。

除了上述热水集热、热水供暖的主动式太阳房外，还有热风集热、热风供暖的主动式太阳房。

（4）太阳能干燥装置

太阳能干燥装置借助太阳能转换所得到的热量对物料表里进行传热与传质，使物料中的水分汽化并扩散到环境中，进而得到干燥物料。太阳能干燥装置按干燥过程获取能量的方式可分为温室型太阳能干燥装置、集热器型太阳能干燥装置及集热器 - 温室型太阳能干燥装置。实际应用中还存在太阳能集热器与其他能源装置、太阳能集热器与储热装置、太阳能集热器与热泵等组合的太阳能复合干燥装置。

1）温室型太阳能干燥装置。温室型太阳能干燥装置实际上是具有排湿能力的太阳能温室，其结构与原理如图 4-9 所示。该类型干燥装置采用玻璃或透光材料倾斜顶，阳光透过倾斜顶进入干燥装置，太阳能转换为热能，其转换效率取决于物料表面及透光材料的吸收率。温室型干燥装置通常为自然通风，其顶部加装烟囱，可以增强通风能力，烟囱越高，通风能力越强。此外，如有条件也可以加装风机进行强制通风，以加快物料干燥速度。温室型太阳能干燥装置的缺点是容量小，温升小，昼夜温差大，干燥速度慢，占地面积较大。其优势是结构简单，建造方便，造价低，操作简单，运行成本低，可因地制宜、综合利用。可见，温室型太阳能干燥装置更适合用于干燥对干燥速度和终含水率要求不高的物料，以及允许接受阳光暴晒的物料。应用温室型太阳能干燥装置进行干燥的物料主要有辣椒、黄花菜、红枣、桃、梅、葡萄、兔皮、羊皮、包装箱、木材等。

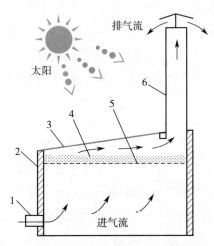

图 4-9   温室型太阳能干燥装置的结构和原理
1—进气口   2—墙体   3—透明盖板   4—物料   5—物料架   6—烟囱

2）集热器型太阳能干燥装置。集热器型太阳能干燥装置（见图 4-10）利用太阳能空气集热器将空气加热到预定温度后送入干燥室，使干燥室中的物料得以干燥。根据需要干燥物料的类型，干燥室可有多种形式，如固定床或流化床、箱式、窑式等。集热器型太阳能干燥装置的特点是可据物料的干燥特性调节热风温度；物料可分层放置，可容纳的物料更多；热风强制对流干燥物料，干燥速度快、效果好；适用于不能受阳光直接暴晒的物料的干燥，如切片黄芪、木材、橡胶等。

3）集热器－温室型太阳能干燥装置。集热器－温室型太阳能干燥装置主要由太阳能空气集热器和温室两大部分组成，如图 4-11 所示。太阳能空气集热器的安装倾角与当地纬度基本一致，集热器通过管道和风机与温室相连。温室的结构与温室型太阳能干燥装置相同，顶部有倾斜的玻璃

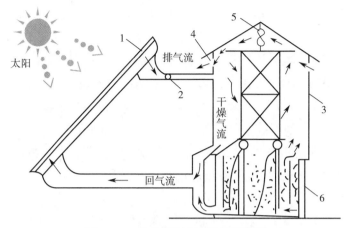

图 4-10　集热器型太阳能干燥装置

1—太阳能空气集热器　2—风机　3—干燥室　4—排气烟囱　5—调节风阀　6—蓄热槽

盖板，内壁均涂成黑色，被干燥的物料铺放在温室内物料架上。来自空气集热器的热风从物料架下方向上穿过物料，实现对物料的强制对流干燥，与此同时温室的光照也对物料起到干燥作用。集热器－温室型太阳能干燥装置可以达到较高的干燥温度和干燥速度，适用于含水率较高的物料、所需干燥温度较高的物料、允许接受阳光暴晒的物料。应用集热器－温室型太阳能干燥装置进行干燥的物料主要有桂圆、荔枝、腊肠、陶瓷泥胎等。

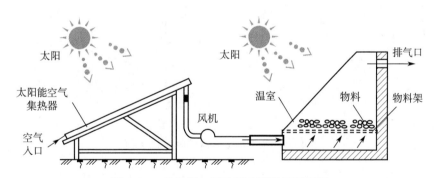

图 4-11　集热器－温室型太阳能干燥装置

（5）太阳能制冷系统

太阳能制冷原理与普通的电力制冷基本相同，只不过消耗的能量是太阳能。利用太阳能驱动制冷系统具有诱人的前景，因为夏季太阳辐射最为强劲，而夏季正是需要制冷的时候。太阳能制冷有两种途径：一是光－电转换后用电力制冷，即利用太阳能发电，再用电力驱动压缩式制冷系统或半导体制冷系统完成制冷；二是光–热转换后用热能制冷，目前主要的技术有太阳能吸收式制冷、太阳能吸附式制冷、太阳能蒸汽压缩式制冷、太阳能蒸汽喷射式制冷等，其中前两类技术最为常用。太阳能吸收式制冷技术是利用制冷剂的吸热和蒸发特性进行制冷的技术，根据所用制冷剂和吸收剂的不同，分为太阳能氨–水吸收式制冷和太阳能溴化锂吸收式制冷。而太阳能吸附式制冷技术是利用固体吸附剂对制冷剂的吸附作用来制冷，根据吸附体系不同，分为太阳能分子筛–水吸附式制冷和太阳能活性炭–甲醇吸附式制冷。这两类制冷技术均不使用氟利昂，可以避免制冷剂泄漏对臭氧层的破坏作用。

图4–12为太阳能氨–水吸收式制冷系统，其以氨为制冷剂，以水为吸收剂。由氨液循环泵将氨水输送进太阳能集热氨发生器，太阳能转换的热能使氨水升温，氨气从上联箱溢出，经管道进入冷凝器被冷凝成液体状态，而后经膨胀阀节流、降压、降温，形成氨气，流经蒸发器时吸收外界热量，产生制冷效果，同时氨气升温进入吸收器，溶于水形成氨水，进入下一个循环。

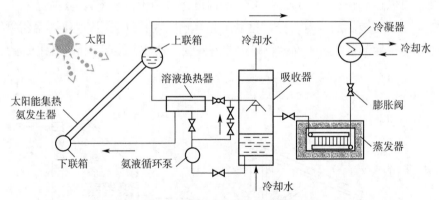

图4–12　太阳能氨–水吸收式制冷系统

但由于氨的不稳定性和欠安全性，目前多采用太阳能溴化锂吸收式制冷系统。太阳能溴化锂吸收式制冷系统的工作原理与太阳能氨–水吸收式制冷系统基本相同，只是制冷剂变为水，吸收剂变成溴化锂。实践证明，热管式真空管集热器与太阳能溴化锂吸收式制冷系统相结合的太阳能空调技术方案是可行的，它为太阳能热利用技术开辟了一个新的应用领域。

此外，太阳能空调系统可以兼具夏季制冷、冬季采暖和其他季节提供热水的功能，其利用率和经济性显著提高。图4–13为太阳能热水、采暖及空调综合系统。

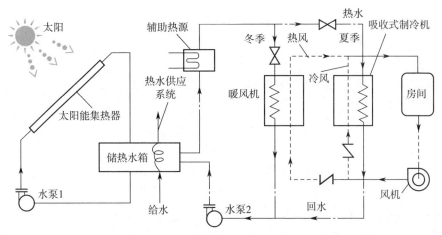

图 4-13　太阳能热水、采暖及空调综合系统

（6）太阳能蒸馏器与海水淡化

随着人类人口的增长，工业的快速发展，人民生活质量的不断提高，城市用水日趋紧张。淡水是人类赖以生存的物质之一。虽然地球上水资源丰富，但 97% 是海水。为了解决日益严重的缺水问题，海水淡化越来越受到关注。海水淡化是对海水进行脱盐以生产淡水，为水资源供应开源增量。海水淡化可以增加淡水总量，不受时空和气候影响，且生成的淡水水质好。传统海水淡化方法都需要消耗大量的电力或燃料。据估计，若日生产 $1.3 \times 10^6 \mathrm{m}^3$ 的淡水，则年消耗原油 $1.3 \times 10^8 \mathrm{t}$。因此，利用太阳能进行海水淡化具有重要意义和广阔应用前景。

太阳能蒸馏器的工作原理是利用太阳能产生的热能使海水蒸发与凝结。图 4-14 为池式太阳能蒸馏器，它是利用太阳能进行海水淡化的最简单的一种装置。其主要由装满海水的蒸发盘和覆盖在它上方的玻璃或透明塑料盖板组成。蒸发盘表面涂成黑色，其下部充分绝热。盖板呈屋顶式，向两侧倾斜。太阳辐射通过透明盖板，热能被蒸发盘中的海水吸收，促使海水蒸发成蒸汽。上升的蒸汽与温度较低的盖板接触后凝结成水滴，顺着倾斜的盖板流到集水沟中，再注入集水槽。太阳能蒸馏器的运行方式可分为直接法和间接法两类。直接法和间接法的差别是太阳辐射与海水是否直接接触。也有将直接法和间接法结合运用的混合系统。此外，根据是否配备其他的太阳能集热器，又可将太阳能蒸馏系统分为主动式和被动式两类。

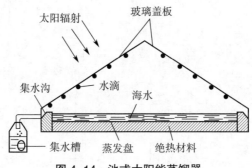

图 4-14 池式太阳能蒸馏器

　　池式太阳能蒸馏器属于典型的被动式太阳能直接蒸馏系统。由于其结构简单、取材方便，至今仍被广泛应用。目前，较为理想的情况下，池式太阳能蒸馏器的效率约为35%，天气晴好时，日产淡水量一般为 $3 \sim 4\ kg/m^2$。被动式太阳能蒸馏系统的缺点是工作温度低，产量不高，也不利于在夜间工作和进行余热的利用。因此，人们提出了多种主动式太阳能蒸馏系统的设计方案，并进行了大量研究。图4-15为太阳能间接法主动式海水淡化系统。系统中的太阳能集热器对水箱内的流体工质加热。海水经海水预热器预热后进入海水加热器，被加热后的流体工质再加热，然后进入膜组件进行淡化，产出的淡水流入淡水收集罐。由于配备其他的附属设备，主动式太阳能蒸馏系统的运行温度大幅提高，使其内部的传热传质过程得到改善。大部分的主动式太阳能蒸馏系统均能主动回收蒸汽凝结过程中释放的潜热。因而这类系统比被动式太阳能蒸馏系统产水量提高数倍。由于太阳能集热器供热温度的提高，太阳能系统几乎可以与所有传统的海水淡化系统相结合。已经取得阶段性成果且具有推广前景的系统包括太阳能压缩闪蒸系统、太阳能多级闪蒸系统、太阳能多级沸腾蒸馏系统等。综上所述，将先进的海水淡化技术、传热传质新技术与太阳能开发利用技术相结合，实现优势互补，才能有效提高太阳能海水淡化系统的性能和经济性，进一步推动太阳能海水淡化技术的发展与应用。

4. 太阳能的能量转换技术

　　太阳能可以转换成多种其他能量，使其更加广泛地被利用。电能是一种高品位能量，传输、分配和利用都很方便。将太阳能转换成电能是大规模利用太阳能的重要技术基础，世界各国都十分重视。其转换途径很多，主要包括将太阳能直接转换为电能的光伏发电技术、将太阳能间接转换为电能的太阳能热发电技术等。

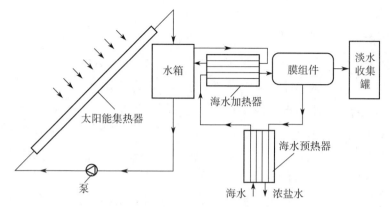

图 4-15 太阳能间接法主动式海水淡化系统

（1）太阳能热发电技术

太阳能热发电是指利用聚光式集热器将太阳能转换成热能并通过热力循环进行发电，通常也称聚光式太阳能热发电。太阳能热发电技术是太阳能发电的重要途径，可实现大功率发电，具有替代化石能源发电的潜力。

按照太阳能采集方式可将太阳能热发电系统分为 3 类，分别是槽式太阳能热发电系统、塔式太阳能热发电系统、碟式太阳能热发电系统。

1）槽式太阳能热发电系统。槽式太阳能热发电系统全称为槽式抛物面反射镜太阳能热发电系统，它是将多个槽形抛物面聚光集热器串并联排列，聚焦太阳直射光，加热真空集热管里的工质，产生高温，再通过换热设备加热水产生高温高压的蒸汽，驱动汽轮发电机组发电。槽式太阳能热发电系统的功率为 10～100 MW，是目前所有太阳能热发电系统中功率最大的。

目前槽式太阳能热发电站主要分布于澳大利亚、阿尔及利亚、印度、西班牙、埃及、伊朗、摩洛哥、意大利、美国、墨西哥等太阳能资源相对丰富的国家。美国是对槽式太阳能热发电研发最多的国家，20 世纪建成发电机组的总装机容量达 354 MW。我国对槽式太阳能热发电系统的研究始于 20 世纪 70 年代。进入 21 世纪，联合攻关团队对太阳能热发电领域的太阳方位传感器、自动跟踪系统、槽式抛物面反射镜、槽式太阳能接收器等的研发取得突破性进展。2009 年年底，在山东省潍坊市峡山区开始建设总投资 176 亿元的"太阳能热发电研究及产业基地"。2010 年 8 月，北京中航空港通用设备有限公司槽式太阳能热发电项目举行奠基仪式，此项目为我国第一个槽式太阳能热发电产业化项目。内蒙古乌拉特中旗 100 MW

槽式光热电站于 2021 年 7 月投运，2022 年 4 月至 2023 年 3 月整年发电约 3.3×10^8 kW·h。目前，我国槽式太阳能热发电项目的研发突破了聚光镜片、跟踪驱动装置、线聚焦集热管 3 项核心技术，使我国继美国、德国、以色列之后成为太阳能热发电全部技术国产化的国家。

2）塔式太阳能热发电系统。塔式太阳能热发电系统又称集中式太阳能热发电系统，是在巨大面积的场地上安装许多台大型太阳能反射镜（定日镜），每台太阳能反射镜均有自己的跟踪机构，能准确地将太阳光反射集中到一个高塔顶部的吸热器上，其聚光倍率可达 1 000 倍。塔式太阳能热发电系统的工作原理是将吸收的太阳光能转换成热能，再将热能传给蓄热介质，蓄热介质将水加热至高温高压的水蒸气，水蒸气进入汽轮机膨胀做功，带动发电机发电，最后发出的电并入电网输送到用户。塔式太阳能热发电系统聚光倍数较高，介质温度高于 350 ℃，总效率超过 15%，属于高温热发电。其设备选购方便。缺点是每台太阳能反射镜都随太阳运动而独立调节朝向，所需跟踪定位装置价格昂贵，限制了其大范围推广应用。目前塔式太阳能热发电系统的利用规模为 10 ~ 20 MW，仍处于示范工程建设阶段。改进型的熔盐塔式太阳能热发电系统（见图 4-16）商业化规模可以达到 30 ~ 200 MW。

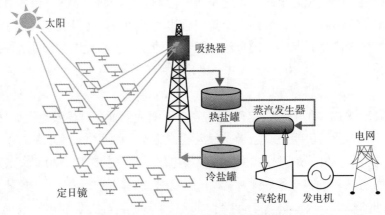

图 4-16   熔盐塔式太阳能热发电系统

从全球来看，西班牙已建成了发电功率 15 MW 的塔式太阳能热发电站；以色列已建成了改进型塔式太阳能热发电站，系统的总发电效率可以达到 25% ~ 28%。2007 年 6 月，我国首个 70 kW 塔式太阳能热发电系统在南京江宁通过鉴定验收。该工程技术走出了我国塔式太阳能热发电技术多年来的困境,系统整体技术达到国际先进水平。2010 年 7 月,亚洲首座商业化 1 MW 塔式太阳能热发电实验站在北京延庆兴建,总投资 1.2 亿元,是我国首个具有自主知识产权的高温热发电项目。50 MW 熔盐塔式太阳能热发电项目建在青海省海西州德令哈市的戈壁滩上,占地 3.3 km²,2016 年 10 月启动建设,于 2018 年 12 月 30 日并网发电,是我国首个商业化运营的塔式太阳能热发电站,建成投运后填补了全国大规模塔式太阳能热发电技术应用空白。

3）碟式太阳能热发电系统。碟式太阳能热发电系统也称盘式太阳能热发电系统,外形类似于太阳能灶,采用了盘状抛物面聚光集热器。由于盘状抛物面聚光集热器是一种点聚焦集热器,其聚光比可高达数百到数千,因此可以产生非常高的温度。碟式太阳能热发电系统的能量转换方式主要有两种,分别是采用斯特林引擎的斯特林循环和采用燃气轮机的布雷顿循环。图 4-17 为小型碟式太阳能热发电系统。

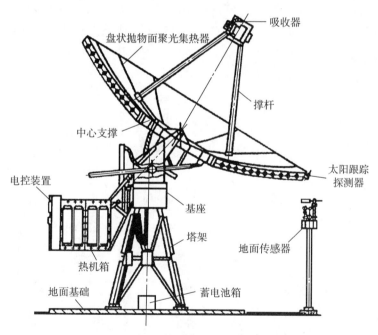

图 4-17 小型碟式太阳能热发电系统

碟式太阳能热发电系统的优点是光热转换效率高,约达 85%;使用灵活,既可作为分布式系统单独供电,也可以并网发电。碟式太阳能热发电系统的缺点是造价高昂;聚光比高,造成高达 2 000 ℃的高温,对材料具有破坏性；热熔盐储热技术危险性大且造价高，热储存困难。

碟式太阳能热发电系统是世界上最早出现的太阳能动力系统。20 世纪 90 年代以来，美国和德国的企业和研究机构在政府有关部门的资助下，加速进行碟式太阳能热发电系统的研发，并推动其商业化进程。目前，碟式太阳能热发电系统主要用于边远地区的小型独立供电，尚未投入大规模应用。

（2）光伏发电技术

光伏发电技术是指利用太阳能电池直接将太阳能转换为电能的技术。目前，光伏发电正快速发展并有望成为化石能源发电的替代品。

1）光伏发电技术的发展与现状。1839 年，法国科学家贝克雷尔发现光照能使半导体材料的不同部位之间产生电位差，这一现象被称为光生伏特效应，简称光伏效应。1954 年，美国科学家恰宾和皮尔松在美国贝尔实验室首次制成了单晶硅太阳能电池。20 世纪 70 年代后，受全球能源危机和气候危机的影响，太阳能电池以其独特的优势逐渐为人们所重视。20 世纪 80 年代后，太阳能电池的种类不断增多、应用范围日益扩大、市场规模也逐渐壮大。20 世纪 90 年代，光伏发电进入快速发展期。德国、日本、美国等发达国家在光伏发电技术研发领域处于领先地位。发达国家通过实行"屋顶计划"和并网发电推广光伏发电，这对光伏发电市场化发展非常有效。例如，2003 年德国完成了"十万屋顶计划"，并且颁布了《可再生能源促进法》，由此引发了德国光伏发电发展的新一轮高峰期。2017—2022 年全球光伏发电累计装机容量增长情况如图 4-18 所示。

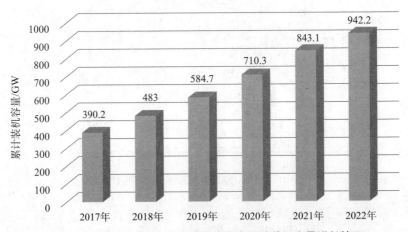

图 4-18   2017—2022 年全球光伏发电累计装机容量增长情况

数据来源：《BP 世界能源统计年鉴 2022》

目前，因全球各国家及地区在太阳能资源分布、光伏产业起步时间、政策支持力度、经济发展状况等方面存在差异，全球光伏发电市场的分布呈现一定的差异化特征。亚太地区、北美地区和欧洲地区是全球光伏发电的主要市场，2021年光伏发电累计装机容量中，我国占比32.75%；新增光伏发电装机容量中，我国占比31.37%。

我国对光伏发电技术的研究与发展非常重视，20世纪80年代，我国将非晶硅半导体的研究项目列入国家重大课题；20世纪90年代，我国把研发重点放在大面积太阳能电池等方面；进入21世纪，国家投资20亿元开展"送电到乡"工程，光伏发电装机容量达20 MW，解决了我国800个无电乡镇的用电问题。2004年，深圳国际花卉博览园1 MW并网发电工程成为我国光伏发电应用领域的亮点。2005年9月，上海市政府启动了"十万屋顶光伏发电计划"。同年，江苏省无锡市开始建设40 kW屋顶并网光伏发电系统。2008年，北京奥运会主场馆等采用太阳能供电，其光伏发电系统总装机容量达130 kW。2009年7月，我国出台了"金太阳"示范工程等一系列支持光伏产业发展的政策。同年，我国首个光伏发电特许示范项目甘肃敦煌10 MW光伏电站动工。2011年9月30日，由中核集团投资建设的青海省锡铁山光伏电站三期60 MW项目正式建成并网发电。2012年开始兴建的青海塔拉滩光伏发电站投资100亿美元，建设周期10年，目前已成为我国最大的光伏发电基地，年发电量高达8×10^7 kW·h。国家能源局公布的数据显示，2022年我国新增光伏发电装机量达87.4 GW，同比增加59%。凭借晶硅技术及成本控制优势，我国光伏产业各环节的产能、产量在全球范围内占比均实现不同程度的增长，全球光伏产业重心进一步向我国转移，我国光伏产业已经成为达到国际领先水平的战略性新兴产业。CPIA（中国光伏行业协会）统计的2021年全球光伏产品产能、产量及我国产品在全球的占比情况见表4-3。

表4-3 2021年全球及我国光伏产业细分产品产能情况

项目	多晶硅料	硅片	电池片	组件
全球产能	7.74×10^5 t	415.1 GW	423.5 GW	465.2 GW
我国产能占比	80.5%	98.1%	85.1%	77.2%
全球产量	6.42×10^5 t	232.9 GW	223.9 GW	220.8 GW
我国产量占比	78.8%	97.3%	88.4%	82.3%

2）光伏发电技术原理。太阳能是一种辐射能，要将其直接转换成电能，必须借助太阳能电池。因为一般太阳能电池都是由半导体材料制成的，所以有时也称其为半导体光电池。

太阳能电池的工作原理是基于半导体 PN 结的光生伏特效应。即光照射半导体 PN 结时，会在 PN 结的两边产生电势差，叫作光生电压。下面以硅太阳能电池为例分析太阳能电池的结构与原理。硅半导体材料的分子结构如图 4-19 所示。每个硅原子四周围绕 4 个电子。当硅晶体中掺入硼原子时，由于硼原子周围只有 3 个电子，因此硅晶体中就会存在一个空穴，此空穴由于没有电子而变得极不稳定，容易吸收电子而中和，形成 P 型硅。同样，当硅晶体中掺入磷原子以后，因为磷原子有 5 个电子，所以就会有 1 个电子变得非常活跃，形成 N 型硅。P 型硅中含有较多的空穴，而 N 型硅中含有较多的电子，当 P 型硅和 N 型硅结合在一起时，在其交界面会形成一个特殊的薄层，N 型硅一侧的电子会扩散到 P 型硅一侧，P 型硅一侧的空穴会扩散到 N 型硅一侧，一旦扩散就形成了一个由 N 型硅一侧指向 P 型硅一侧的内电场，从而阻止扩散进行。达到平衡后，就在这个特殊的薄层形成电势差，进而形成 PN 结，如图 4-20 所示。

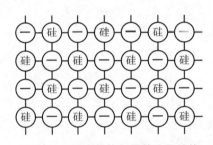

图 4-19　硅半导体材料的分子结构

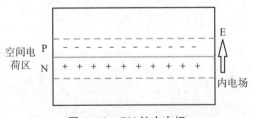

图 4-20　PN 结内电场

如图 4-21 所示，当太阳光照射太阳能电池表面时，一部分光子被硅材料吸收，光子的能量传递给了硅原子，使电子发生跃迁，成为自由电子在 PN 结两侧集聚形成了电势差，当外部接通电路时，在此电势差作用下，将会有电流通过外部电路并产生一定的输出功率。这个过程的本质是光子能量转换成电能的过程。

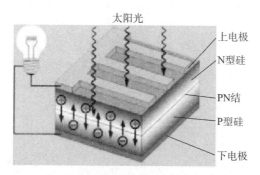

图 4-21　硅太阳能电池结构与工作原理

3）太阳能电池的分类

①太阳能电池按照电池结构可分为两类

a. 同质结电池。即在相同的半导体材料上构建一个或多个 PN 结的太阳能电池。

b. 异质结电池。即在不同禁带宽度的两种半导体材料接触的界面上构成一个异质 PN 结的太阳能电池。

②按照太阳能电池的发展进程可以将其分为 3 代太阳能电池。

第一代太阳能电池主要指晶体硅太阳能电池，包括单晶硅太阳能电池和多晶硅太阳能电池，此类电池的发展历史最为悠久，制造工艺最成熟，产业化程度也最高，并且具有原料丰富、高效稳定等特点，目前占据了大部分市场份额。单晶硅太阳能电池的实验室光电转换效率已达到 25.6%，但由于其禁带宽度仅有 1.12 V，因此已经很接近其 29% 的理论极限值，同时晶体硅太阳能电池生产过程中伴随的重污染和高能耗问题也导致其价格较为昂贵。

第二代太阳能电池是指以薄膜技术为核心的非晶硅太阳能电池、碲化镉太阳能电池和铜铟镓硒薄膜太阳能电池等，这类太阳能电池的材料大多为直接带隙半导体，具有较高的吸光系数，因此可以通过薄膜技术极大降低活性材料的用量而降低成本，但这类电池的光电转换效率及使用寿命相较晶体硅太阳能电池而言要逊色很多。同时薄膜电池目前仍大多采用真空蒸镀的方法制备，成本高，质量很难控制，仅有少量实现了规模化生产应用，此外镉污染和铟资源的稀缺也制约着其进一步的应用与发展。

第三代太阳能电池是指突破传统的平面单 PN 结结构的各种新型电池，此类电池通过引入多 PN 结叠层、介孔敏化、体相异质结等新型结构及新型材料获得低成本、高效率的太阳能电池，代表了太阳能电池未来的发展方向，目前主要包括叠层太阳能电池、染料敏化太阳能电池、有机光伏电池、量子点太阳能电池、钙钛矿太阳能电池等。这类电池由于发展时间较短，很多技术问题尚未解决，光电转换效率还不够高，且稳定性较差，目前基本仍处于实验室研发阶段，但未来发展潜力巨大。其中以有机 – 无机杂化钙钛矿材料为基础的钙钛矿太阳能电池的发展最为迅猛，钙钛矿太阳能电池的光电转换效率从 2009 年的 3.8% 快速增长到目前的 25.6%。

4）光伏发电系统。光伏发电系统主要有独立、并网和混合光伏发电系统 3 种类型。光伏发电系统的功率范围很大，有 $0.3 \sim 2$ W 的太阳能草坪灯，也有 MW 级的光伏发电站。其应用形式繁多，如为无电缺电地区供电，为交通、通信、国防、军事、航天器、民用、农业灌溉等领域器材供电。各种光伏发电系统工作原理和结构基本相同，光伏发电系统的主要组成部件如下：①太阳能电池板——将太阳能直接转换为电能的载体，是光伏系统的核心部件；②控制器——控制整个光伏发电系统的工作状态，并对蓄电池起到过充／放电保护作用，此外，在温差大时，控制器还具备温度补偿功能；③蓄电池——当太阳能电池产生的电能超过负载所需电能时，将多余电能储存起来，当光照不足、夜晚或超负荷用电时，释放储存的电能以满足用电需求，常用的是铅酸蓄电池，小微型系统也可用镍氢电池、镍镉电池及锂电池；④逆变器——通常太阳能电池直接输出的是 24 V 和 12 V 的直流电压，为能向 220 V 交流电压的用电器供电，需要使用 DC–AC 逆变器将直流电转换成交流电，也有将 24 V 直流电压转换成 12 V 直流电压的 DC–DC 逆变器。

独立光伏发电系统组成如图 4–22 所示。该系统因为没有并网，通常都要配有蓄电池。系统配有控制器，能对充／放电过程进行管理以保证蓄电池的使用寿命。如有交流电用户需要配置逆变器。

并网光伏发电系统最大的特点是可以不用蓄电池作为电能储存设备，而是将太阳能电池组件所发的电力接入公共电网。即太阳能电池组件产生的电能向交流负载供电后，其余电力输送给公共电网；而太阳能电池组件不产生电力或电力供给不足时，则由公共电网为负载供电。并网光伏发电系统的必要条件是：并网逆变器输出的正弦波电流的频率和相位，与电网电压的频率和相位必须相同。并网光伏发电系统还可以细分为逆流并网光伏发电系统、无逆流并网光伏发电系统、切换型并网光伏发电系统、带储能装置的并网光伏发电系统。当公共电网出现停电、限电及其他故障时，光伏发电系统可以独立运行。并网（带储能）光伏发电系统（见图 4-23）就可以作为紧急通信设备、医疗设备、加油站、避难场所指示及照明设备等重要或应急负载的供电系统。

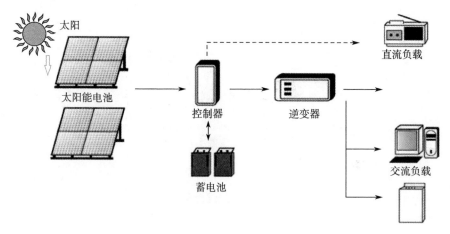

图 4-22 独立光伏发电系统

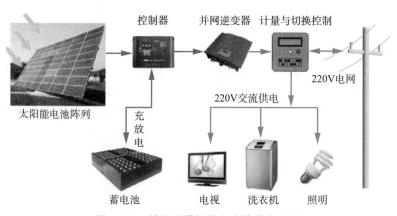

图 4-23 并网（带储能）光伏发电系统

混合光伏发电系统除了使用太阳能电池阵列外，还应用了其他发电设备作为补充电源。此种系统的目的是综合利用各种发电技术的优势，普遍采用的补充电源为风力发电机或柴油发电机。风 – 光混合发电系统（见

图 4-24）在夏天阳光充足时，主要由太阳能电池阵列发电，冬季光照减弱而风力充足时，主要由风力发电机发电。此系统中，通常用两个控制器分别控制太阳能电池阵列和风力发电机。在风力很大的海岸或丘陵地区，风－光混合发电系统也得到了较多应用。混合光伏发电系统中的补充电源可以根据实际资源情况配置，例如我国新疆、云南建设的乡村光伏发电站多采用的是柴－光混合发电系统。

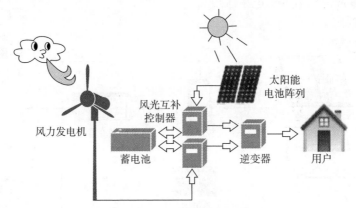

图 4-24　风－光混合发电系统

4.2.2　风能

1. 风能的特点

风是由于太阳辐射造成地球表面受热不均，进而引起大气层压力分布不均，空气沿水平方向运动而形成。在地球上不同纬度地区接受的阳光辐射强度有差异，赤道和低纬度地区太阳高度角大，日照时间长，太阳辐射强度大，地面和大气吸收的热量多，区域温度较高；而高纬度地区太阳高度角小，日照时间短，地面和大气吸收的热量就少，区域温度低。高、低纬度地区间的温度差异形成了气压梯度，使空气做水平运动。而地球的自转使空气水平运动发生偏向，所以地球大气运动除了受气压梯度力影响之外，还要受地转偏向力的影响。大气真实运动是这两种力综合作用的结果。

实际上，地面风还很大程度上受到地形地势的影响：山隘和海峡不仅能改变气流运动方向，而且还能使风速增大；丘陵、山地由于对风摩擦力大，会使风速减小；孤立山峰会因海拔而使风速增大等。可见，风向和风速的时空分布相当复杂。由于空气流动具有一定动能,因此风是一种可利用的自然能源,这种风所具有的能量称为风能。风能不会因为人类无尽的开发利用而枯竭,它是一种可再生能源。

海陆差异也会对风的产生造成影响。冬季大陆比海洋冷,大陆气压比海洋高,风从大陆吹向海洋;夏季大陆比海洋热,风从海洋吹向大陆。这种随季节转换的风称为季风。同样道理,在海陆交界区域,昼与夜也会形成海风和陆风。在山区由于热力原因,白天由谷地吹向平原或山坡形成谷风,夜晚由平原或山坡吹向谷地形成山风。

各地区风能资源的多少主要取决于该地每年刮风的时间长短和风的强度。描述风能的特征指标主要包括风速、风能密度、风级等。

风的大小常用风速来衡量。风速是指单位时间内空气沿水平方向行进的距离。基于风的不稳定性,所以风速变化无常。通常风速是指风速仪在一个极短时间内测到的瞬时风速。某段时间内测得多次瞬时风速,取其平均值即为平均风速,例如日均风速、月均风速或年均风速。当然,测点高度不同,所得风速结果也不同,风速一般随高度的提升而增大。为了评定某地风的气候特点,通常选取当地10年中年均风速最大、中间和最小的三个年份作为代表年份,取选出的三个年份的年均风速的平均数作为当地常年平均风速。

风主要依靠动能向外做功,风速越高,风能越大。风能的大小常用风能密度表示。风能密度是指气流单位时间内垂直通过单位面积的风能,常用 W/m^2 单位表示。它是描述某地方风能潜力的最方便、最有价值的量。但风速是一个随机性很大的量,不能用某个瞬时风速值来计算风能密度,要用长期测量的风速资料求得平均风速来计算平均风能密度。在实际的风能利用中,并非所有风速产生的风能都被利用,如 0~3 m/s 的风速无法吹动风力发电机;超过运行风速上限的大风又会破坏风力发电机,这两个界限风速分别称为启动风速和停机风速,介于这两个风速之间的称为有效风速,以此求得的平均风速所对应的风能密度称为有效风能密度。由此也可以得出年风能可利用时间,即指一年中可运行在有效的风速范围内的时间。

风力是风的强度,气象上常用风级表示。风级有两种分类:蒲福风级和 IEC(国际电工委员会)风力分级。在风电行业中使用 IEC 风力分级,表 4-4 为 IEC 风力分级的风级 – 风速对照表。

表 4–4　IEC 风力分级的风级 – 风速对照表

风级	年均风速 / (m/s)	50 年 10 分钟最大风速 / (m/s)	50 年 3 秒最大风速 / (km/h)	年平均 3 秒最大风速 / (km/h)
IV	6.0	30.0	42.0	31.5
III	7.5	37.5	52.5	39.375
II	8.5	42.5	59.5	44.625
I	10.0	50.0	70.0	52.5

2. 风能的利用

风能利用历史悠久，我国是世界上最早利用风能的国家之一。公元前数世纪我国人民就利用风能提水、灌溉、磨面、舂米，用风帆推动船舶前进。在国外，公元前 2 世纪，古波斯人利用风能碾米；10 世纪，穆斯林用风能提水；11 世纪，风力机已在中东获得广泛应用。13 世纪，风力机传至欧洲，14 世纪已经成为欧洲不可缺少的原动机，除了汲水外还用于榨油和锯木。19 世纪，风力机为荷兰、丹麦、美国等国的经济发展做出了重要贡献。到了 20 世纪，由于化石能源开发，农村电气化逐步普及，风能利用呈下降趋势，风能技术发展缓慢。20 世纪 70 年代中期，能源危机使人们重新重视风力机的研发，40 多年来，风能利用技术已经取得了显著的进步。

（1）风力发电

1）风力发电的发展。风力发电已经成为风能利用的主要形式，深受世界各国的高度重视，而且发展迅猛。1998 年世界风力发电已达 9.6 GW，其中德国风力发电发展最快，2000 年风力发电机组容量达到 6.09 GW，占国内电力生产总量的 2.4%；美国 1999 年风力发电的装机容量已达 1.76 GW；在丹麦，风力发电为丹麦提供了 13% 的电力。在发展中国家中，印度的风力发电发展最快，1997 年机组容量已达 0.95 GW；我国风力发电也发展迅速，截至 1996 年，我国建成大型风力发电机组 226 台，总容量56.555 MW。进入 21 世纪，经过对欧洲企业的长期学习与追赶，我国风电行业已经由技术引进、联合设计、消化吸收逐步过渡到自主研发阶段。2012 年我国风电累计装机容量突破 60 GW，成为世界第一风电大国。在全球风电增速放缓的背景下，我国风电装机容量有所回落，但 2021 年我国风电新增装机容量仍居全球第一位，实现新增装机容量 47.57 GW，占全球新增装机容量的 50.8%，其中陆上风力发电机装机容量新增 30.67 GW，海上风力发电机装机容量新增 16.9 GW。2021 年全球风电新增和累计装机容量前五国家的情况见表 4-5 和表 4-6，排名前五国家合计的风电新增和累计装机容量分别占 73.9% 和 72.16%。为了如期实现 2030 年前碳达峰、2060 年前碳中和的目标，我国风电行业将还会迎来长期高速发展的机会。目前，在全球范围内，随着平价大基地项目、分散式风电项目的需求增加，市场对机组的风资源利用率要求提高，陆上风力发电机功率已经逐步由 2 MW、3 MW 时代迈入 4 MW 时代；海上风电领域大兆瓦机型发展更加迅速。

表 4-5 2021 年全球风电新增装机容量前五国家

国家	新增装机容量 /GW	占比
中国	47.57	50.8%
美国	12.75	13.6%
巴西	3.83	4.1%
越南	2.72	2.9%
英国	2.32	2.5%
前五国家合计	69.19	73.9%
全球合计	93.6	100%

表 4-6 2021 年全球风电累计装机容量前五国家

国家	累计装机容量 /GW	占比
中国	338.31	40.42%
美国	134.40	16.06%
德国	64.54	7.71%
印度	40.08	4.79%
英国	26.59	3.18%
前五国家合计	603.92	72.16%
全球合计	837	100%

2）风力发电原理。风能够产生三种力以驱动风力发电机叶片产生转动，分别是轴向力（即气流接触到物体并在流动方向上产生的空气牵引力）、径向力（即空气提升力，使物体具有移动趋势的、垂直于气流的压

力和剪切力的分量,狭长的叶片具有较大的提升力)和切向力,驱动风力发电机叶片的主要是轴向力和径向力。风力发电机类型很多,通常分为水平轴风力发电机、垂直轴风力发电机及特殊风力发电机三类。其中,水平轴风力发电机主要利用径向力推动,垂直轴风力发电机主要利用轴向力推动。

当气流经过风翼型叶片表面时便开始了风能向机械能的转化过程。气体在叶片迎风面的流速远高于背风面,相应地,迎风面压力小于背风面,并由此产生提升力,导致转子(风轮)围绕中心轴旋转,如图4-25所示。

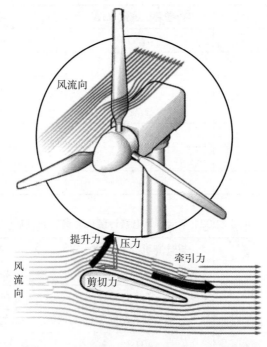

图 4-25 水平轴风力发电机的空气动力学原理

风力发电机组是将风的动能转换为机械能,再将机械能转换为电能的系统装置。典型的风力发电机组的工作原理如图4-26所示。当风以一定的流速吹向风力机时,在风轮叶片上产生的力矩驱动风轮转动,将风的动能变成风轮旋转的动能。风轮输出的功率通过主传动系统传递,主传动系统可以使转矩和转速发生变化,主传动系统将动力传递给发电系统,发电机把机械能转换成电能。对于并网型风力发电机组,发电系统输出的电流经过变压器升压后，即可输入电网。

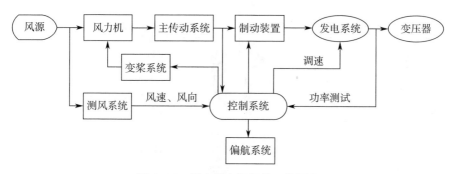

图 4-26　风力发电机组的工作原理

控制系统的功能是过程控制和安全保护。控制系统包括启动、运行、暂停、停止等。风速、风向、风力发电机的转速和发电功率等物理参数通过传感器变成电信号传给控制系统，它们是控制系统的输入信息。控制系统随时对输入信息进行处理和比较，及时地发出控制指令，这些指令是控制系统的输出信息。

对于变桨距机组，当风速大于额定风速时，控制系统发出变桨距指令，通过变桨系统改变风轮（叶片）的桨距角，从而控制风电机组的输出功率。在启动和停止过程中，也需要改变风轮（叶片）的桨距角。

对于变速型机组，当风速小于额定风速时，控制系统可以根据风的大小发出改变发电机转速的指令，以使风力机最大限度地捕获风能。当风轮的轴向与风向偏离时，控制系统发出偏航指令，通过偏航系统校正风轮轴的指向，使风轮始终对准来风方向。当需要停机时，控制系统发出关机指令，除了借助变桨距制动外，还可以通过安装在传动轴上的制动装置实现制动。

3）风力发电机组的组成与风力发电系统类型。风力发电机组的组成包括风轮（叶片）、轮毂、机舱、偏航系统、发电机、传动系统、变桨系统、制动系统、测量系统、控制系统、塔架及输送电缆等。图 4-27 是水平轴风力发电机组结构与组成。

①风轮。风轮是风力发电机中将风能转换成机械能的部件。风轮一般由两叶片或三叶片以及一个轮毂所组成，三叶片占绝大多数。叶片的几何形状和制作材料很大程度上决定了风力发电机的效率和使用寿命。目前，对于小型的风力发电机，叶片多采用优质木材制成，表面涂有保护漆；对

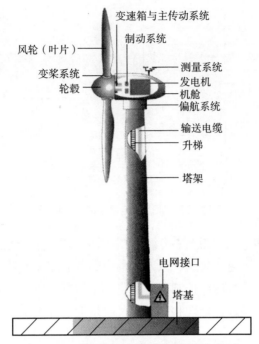

变速箱与主传动系统

制动系统

风轮（叶片）

测量系统

变桨系统

发电机

轮毂

机舱

偏航系统

输送电缆

升梯

塔架

电网接口

塔基

图 4-27 水平轴风力发电机组结构与组成

于大型的风力发电机，叶片多为玻璃纤维复合材料，基体材料为聚酯树脂或环氧树脂。轮毂用于固定叶片根部，并且与传动轴相连。从叶片传递来的力均通过轮毂传输到传动系统，再传至发电机。同时，轮毂也是控制叶片桨距的机构。轮毂承受着风力作用在叶片上的推力、转矩、弯矩以及陀螺力矩。

②传动系统。其位于机舱内，作用是将风轮产生的机械能传递给发电机。发电机可分为双馈式和直驱式两种。双馈式风力发电机的传动系统通常包括低速轴、高速轴、齿轮箱、离合器和刹车结构等。直驱式风力发电机传动系统无须齿轮箱，风轮轮毂直接连接到发电机转轴上。

③偏航系统。偏航系统也称风向跟踪装置，其作用有两方面：一是使风力发电机的风轮始终处于迎风状态，以便充分利用风能，提高发电效率；二是产生锁紧力矩，保证风力发电机组的安全运行。风力发电机组的偏航形式可以分为主动偏航和被动偏航两种。主动偏航一般采用电力或液压拖动来完成，常见的有齿轮驱动和滑动两种。被动偏航是靠风力带动特定机构完成风轮的对风，常见的有尾翼、舵轮方式。整个偏航系统由电动

机及减速结构、偏航调节系统和扭揽保护装置等组成，偏航调节系统包括风向标和偏航系统调节软件。通常大中型风轮调向一般采用主动偏航的齿轮驱动形式，小风轮调向一般采用被动偏航形式。

④变桨系统。风力发电机组通常在额定运行风速下运行，若遇超额定风速，由于机械强度和发电机、电力电子容量等的限制，风力发电机组必须降低风轮的能量捕获，使功率输出仍保持在额定值附近，同时限制叶片的负荷和风力发电机受到冲击，确保风力发电机的安全不受损害。这种调节主要分定桨距失速调节、变桨距角调节和混合调节三类方式。通常大型风力发电机组采用变桨距系统，通过变桨距系统实现风力发电机组的转速控制、功率控制、刹车机构控制。

⑤风力发电机组的安全保护。主要包括：防雷电保护，安装良好接地的避雷针；运行保护，包含大风保护、电网失电保护、参数越限保护、振动保护、开关机保护；抗电磁干扰，主要保护控制系统不会因外界电磁干扰而误动作或丧失功能，并能自动检测故障；制动系统，用来保证弃风、紧急故障情况下或者维护时安全刹车。

⑥发电机。发电机是风力发电机组主要设备，它是一种将机械能转换为电能的、可旋转的设备。发电机由转子和定子组成。风力发电主要使用三种发电机，即直流发电机、同步发电机和感应发电机（异步发电机）。目前多数采用6极感应发电机，其余基本采用直驱同步发电机。

⑦机舱。机舱由底盘和机舱外壳组成。机舱内通常有传动系统、液压与制动系统、偏航系统、控制系统及发电机等。机舱设计要突出轻巧、美观并尽量带有流线型，下风向布置的风电机组尤其如此。机舱最好采用重量轻、强度高而又耐腐蚀的玻璃钢制作，也可以直接在金属机舱的面板上相间敷以玻璃布与环氧树脂。

⑧塔架和塔基。塔架是风力发电机组的支撑架，不仅要有一定的高度（且通常为风轮直径的1~1.5倍），使风力机处在高空较理想的位置，还必须具有足够的疲劳强度，能承受风轮引起的振动载荷，包括启动和停止的周期性影响、突风变化、塔影效应等。塔架的刚度要适合，其自振频率（弯曲及扭矩）要避开运行频率（风轮旋转频率的3倍）的整数倍。塔架越高，捕捉的风能越多，其造价、技术要求及吊装的难度也随之增高。风力发电机组的塔基通常是现浇的钢筋混凝土独立基础。塔基与塔架可以采用地脚螺栓式连接或法兰式连接。

根据风力发电运行方式，风力发电系统可以分为独立型风力发电系统和并网型风力发电系统。独立型风力发电系统主要由风力发电机组、蓄电池、控制器和逆变器组成。独立型风力发电系统一般发电功率较小，主要用于局部区域供电，如边远农村、牧区、海岛等地区。在此系统中，风力交流发电机输出的交流电经整流器整流后输入蓄电池储能，再供直流负荷使用。如果需要交流供电，则可在蓄电池与用户间加装逆变器后再输给用户。在无风期间，可以由蓄电池供电。风力发电机组也可与太阳能光伏发电组件或者柴油发电机组成一个互补性混合发电的独立型风力发电系统。并网型风力发电系统是将风力发电机组与电网连接并将输出的电力并入电网。恒速恒频风力发电机组目前已经得到普遍应用，而变速风力发电机组则需要增设变频装置等使输出电流达到恒频后再实现并网运行。

4）风力发电场。虽然风力发电机组在不断大型化，但是单台风力发电机组的发电能力还是有限的，要想解决更大功率的供电问题，就需要在一定区域内有成百上千台风力发电机组同时工作，这就要形成风力发电场，简称风电场。

①风电场的概念。风电场是指在一定范围内由同一单位经营管理的所有风力发电机组及配套的输变电设备、建筑设施、运行维护人员等共同组成的集合体。根据地形条件和主风向，将多台风力发电机组按照一定的规则排成阵列，组成风力发电机组群，并对电能进行收集和管理，统一送入电网，这些是建设风电场的基本思想。风电场是大规模利用风能的有效方式，是目前世界风力发电并网运行方式的基本形式。

目前，风电场几乎遍布全球，风电场的数量已经成千上万，最大规模的风电场接近千万千瓦级。2016 年之前，世界著名的风电场包括美国的 Alta 风能中心（装机容量 1.32 GW）、印度的 Jaisalmer 风电场（装机容量 1.064 GW）、英国的 London Array Offshore 海上风电场（装机容量 0.63 GW）。2020 年世界上最大的陆地风电场是我国甘肃酒泉风电基地（装机容量 9.25 GW），2022 年 Hornsea 2 成为世界上最大的海上风电场（装机容量 1.3 GW）。

②风电场的分类。风电场按照规模分类，一般可以分为小型、中型和大型/特大型风电场，见表 4-7。

表 4-7 风电场的分类

类型	风能资源	场地规模	情况说明
小型	较好	较小	装机容量小于 10 MW，接入电网等级小于等于 66 kV
中型	较好	中等	装机容量大于等于 10 MW 且小于 100 MW，接入电网等级大于 66 kV 且小于等于 110 kV
大型/特大型	丰富	开阔	装机容量大于等于 100 MW，列入国家特许权风电项目

③风电场的选址。风电场的地址选择是一个复杂的过程，最主要考虑风能资源丰富程度，同时还必须考虑环境影响、道路交通及电网条件等诸多因素。风电场选址要求满足的主要条件包括：风力资源丰富，年均风速超过 6~7 m/s，且盛行风的风向稳定；在预选场内建测风塔，得到 1~2 年的风向、风速及风速沿高度变化等的实测数据，估算风电场内风力发电机组的年发电量及机组的排列布局；得到影响风电场内风力发电机组出力与安全可靠运行的其他气象数据（如气温、湿度、大气压），以及特殊气象情况的测量与统计数据（如台风、雷电、沙暴发生频率及海水盐雾情况、冰冻时间长短等）；得到当地地形、地貌、障碍物（如地表粗糙度、树木、建筑物等）详细资料；风电场地址距离公路及地区电力网较近；风电场地址距离居民点较远。

④风电场的风力发电机组排布。现代风电场建设规模巨大，单个风电场的装机台数可达几千台，占地面积数平方千米，风力发电机组之间的尾流效应不可忽视，必须合理地选择机组的排列方式，以减少机组间的相互影响。风电场内风力发电机组的排列应以可获得最大发电量为目标，排列间距不能太小，否则尾流效应会导致风力发电机组的发电量减少，降低机组使用寿命，甚至导致其损坏。在风能资源分布方向非常明显的地区，机组排列可以与主导风能方向垂直，平行交错布置，机组排间距通常为风轮直径的 8~10 倍。在地形、地貌条件较差的地区，风力发电机组排布受地形的限制，机组左右的列间距应为风轮直径的 2~3 倍。在地形复杂的丘陵或山地，为避免湍流的影响，风力发电机组可安装在等风能密度线上或沿山脊的顶峰排列。

⑤风电场的经济效益评估。风电场内风力发电机组容量系数是衡量风

电场经济效益的重要指标，其计算方法为：

容量系数 = 全年发电量（kW·h）÷［风力发电机组额定容量（kW）× 8 760（h）］

风力发电机组额定容量系数 = 全年总运行时数（h）/8 760（h）

在场址选择适宜、风力发电机组性能优良、机组排列间距合理的风电场内，各台风力发电机组的容量系数大致相同，但不会完全一样，其值约在 0.25~0.4 之间。整个风电场的容量系数为各台风力发电机组容量系数的平均值，一般应在 0.25 以上，即风力发电机组相当于以满负荷运行的时效至少应在 2 000 h 以上。风电场每千瓦时电能的发电成本与很多因素有关，包括风能资源特性、风力发电机组设备的投资费用、风电场建设工程费用、风电场运行维护费用、建场投资回收方式和限期（指投资贷款利率、设备规定使用寿命及所要求的固定回收率等）以及某些部件进口关税、设备增值税和设备保险所付出的费用等。随着技术的进展，风力发电设备的效率在过去 10 年得到了很大提高，风力机单位扫掠面积产生的功率提高了约 60%，与此同时，风力发电机组的安装费用则降低了约 50%。世界风电场的发电成本自 20 世纪 80 年代以来已下降超过 90%。

⑥风电场的安装和调试。风力发电机组运行、安装方式灵活，既可以单机运行，也可以组成风电场机组群运行，采用何种运行方式主要取决于风场的建设条件。风力发电机组安装比较简单，单机安装调试一般需要 5~7 天，安装主要工作包括机组基础建设、主要部件吊装、内部线路连接和机组系统调试等几部分。

风力发电机组主要由塔架、机舱和风轮三大部分组成，安装方式主要采取大吨位吊车完成塔架的竖立、机舱的吊装、风轮的对接等工作。若现场不具备大型施工机械进场条件时，可采用拔杆、地锚等方式进行机组的吊装，此方法投资节省，但是程序烦琐，施工周期长，不适合大规模风电场的建设。

5）风力发电的优势和问题

①风力发电的优势。风力发电作为一种新能源发电重要方式，潜力巨大，它的开发利用可以减少对化石能源的依赖与使用。风力发电还有众多优点：风力发电的能量来源属于清洁可再生能源，对环境不利影响很小；风力发电机组的设备多为立体化设施，占地量较少，可保护耕地和生态；风力发电的理论与技术不断发展，风力发电效率持续提高，理想状态风力

发电的效率可超过40%；风力发电的设备、设施日趋进步，发电成本不断降低，部分地区风力发电的成本已经低于其他新能源的发电成本，接近火力发电成本。

②风力发电的问题。尽管近年来风力发电发展十分迅猛，商业化程度和发展规模均处于各种可再生能源的首位，但是风力发电还是受到一些限制。其主要问题表现为：风向与风速不稳定，生产的电力也不够稳定，使得风力发电的可靠性降低，影响并网的稳定性；风力发电受地理位置限制严重，通常风能条件好的地区却用电需求较少，容易造成弃电；受气象条件、运行维护水平及应用需求影响，风力发电的实际转换效率较低，还有待于进一步提高；风力发电机的噪声较大；风力发电对无线通信的干扰大，对自然环境景观和鸟类生态造成不利影响。

（2）风能的其他利用

1）风力泵水。风力泵水自古至今一直得到广泛的应用。20世纪后期，从节约能源角度出发，为解决农村、牧场的生活、灌溉及牲畜用水，风力泵水机有了很大发展。现代风力泵水机根据其用途可以分为两类：一类是高扬程小流量的风力泵水机，它与活塞泵联合作用，提取深井地下水，主要为草原、牧区的人与牲畜提供饮用水；另一类是低扬程大流量的风力泵水机，它与离心泵配合使用，提取河水、湖水或海水，主要用于农田灌溉、水产养殖或制盐。

2）风帆助航。航运是运输成本最低的一种运输方式，随着航运业的蓬勃发展，其竞争变得更为残酷。为了提高航运竞争力，机动船舶节约燃油和提高航速已然成为主要措施，为此古老的风帆助航也得到了新的发展机遇。现代风帆助航与传统风帆助航相比较，船舶上风帆的使用采用了更多现代测控技术。通过对风帆的合理应用，实现风帆驱动与内燃机螺旋桨驱动间的合理匹配，对船舶的节油与提速方面起到了重要作用。目前已经有部分万吨级货轮采用了计算机控制的风帆助航技术，航行节油率达到了15%。

3）风力致热。风力致热是一种有效的风能利用方式。伴随着人们生活水平的不断提高，家用热能的需求越来越大，特别在高纬度寒冷地区，采暖、煮水是能耗大户。为了解决民用与工业用低品位热能需求，风力致热有了大力发展的空间，一般风力致热效率可以达到40%。目前风力致热可以有三种转换方法实现。一是先风力发电，再将电能变成热能，从能量高效利用的角度，此种方法不可取。二是风力发电机将风能转换成空气压缩能，再转换成热能，即由风力发电机带动一离心压缩机，对空气进行绝热压缩而放出热能，再被换热利用。三是用风力发电机直接转换热能，这种方法能量利用效率最高。风力发电机直接转换热能现在主要有四种方法：液体搅拌致热、固体摩擦致热、挤压液体致热和涡电流法致热。最简单的是液体搅拌致热，即用风力发电机带动插入液体（水或油）中的搅拌器转动，从而使液体变热。风力搅拌水致热系统如图 4-28 所示。

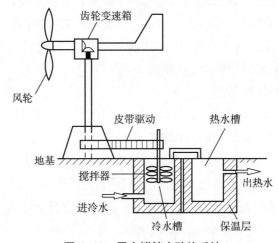

图 4-28　风力搅拌水致热系统

4.2.3　氢能

在新能源领域中，人们认为氢能是一种最理想的无污染的清洁能源，氢是自然界中最为丰富的元素之一，其广泛地存在于水、矿物燃料和各类碳水化合物中。氢燃烧只生成水。

1. 氢能概述

二次能源可以被认为是联系一次能源与能源用户的中间纽带。二次能源分为"过程性能源"和"含能体能源"。电能属于应用最广泛的"过程性能源"，汽油、柴油则是应用最广泛的"含能体能源"。因为目前"过程性能源"还很难大量地直接储存，所以飞机、轮船、汽车等机动性很强的交通运输工具基本还是采用汽油、柴油等"含能体能源"。人们正不断寻求新的"含能体能源"，氢能正是一种人们期待的新的二次能源。

（1）氢的物理性质

氢列于元素周期表之首，原子序数为 1，分子量为 2.016。在常压常温下为气态，在高压超低温下又可成为液态。通常情况下，氢气为无色无味的气体，极难溶于水，也很难液化。在 1 atm（1 atm=101 325 Pa）下，氢气沸点为 –252.8 ℃，熔点为 –259.2 ℃，密度为 0.089 9 kg/m³。氢气是最轻的气体。氢气的热值是常规燃料中最高的，约为汽油热值的 3 倍。氢气是导热性最好的气体，导热系数高出大多数气体 10 倍。

（2）氢的化学性质

在常温下氢气比较稳定。除氢气与氯气在光照下化合，氢与氟在冷暗处化合外，其余反应均需要较高温度条件。在较高温度下，尤其是在催化剂存在时，氢很活泼，可燃，能与多种金属、非金属反应。

1）与金属反应。氢气与活泼金属反应，获得一个电子，呈负一价，生成氢化物，如氢气与钠反应生成氢化钠。高温下，氢气可将许多金属氧化物中的氧夺取，使金属还原，如氢气与氧化铜反应生成水和铜。

2）与非金属反应。氢气与非金属反应，失去一个电子呈现正一价，如氢气与氯气反应生成氯化氢，发生的是爆炸性反应。高温时可将氯化物中的氯置换出来使金属与非金属还原，如氢气与四氯化硅反应，生成氯化氢和硅。

3）氢气的加成反应。在高温和催化剂存在的条件下，氢气可以对有机化合物中的不饱和官能团进行加成，将不饱和化合物变成饱和化合物，例如 $H_2+HCHO \rightarrow CH_3OH$。

4）毒性及腐蚀性。氢无毒，无腐蚀性，但是对氯丁橡胶、氟橡胶、聚四氟乙烯、聚氯乙烯等具有较强的渗透性。

5）氢气的燃烧。氢气和氧气在一定条件下可以发生剧烈的氧化反应（即燃烧），并释放出大量的热。氢气燃烧性能好，着火迅速，燃烧速度快。

2. 氢的制取与储运

（1）氢的制取

1）水分解法制氢。地球上水资源丰富，从水中制取氢气作燃料，燃烧后又还原成水，既不会环境污染又能实现水的物质循环利用。

①电解水制氢。电解水制氢是一种技术成熟的传统制氢方法，具有制备方法简单、不受原料供应限制、纯度高等优点，其缺点是生产成本较高，所以目前利用电解水制氢的氢产量只占氢总产量的 1%～4%。电解水

制氢的原理如图4-29所示。将浸没在电解液中的一对电极接通直流电后，水就会分解出氢气和氧气。电解水制氢工艺过程简单，无污染，其效率一般为75%～85%，但耗电量大，制取1 m^3氢气的电耗为4.5～5.5 kW·h，电耗费用约占总生产费用的82%。因此，电解水制氢与其他制氢技术相比不具竞争力。但是在水力、风力、地热资源及潮汐能、太阳能丰富的地区，用新能源发电来电解水不仅可以制取廉价的氢气，还可以实现资源的再利用，对环境与经济都有一定的现实意义。

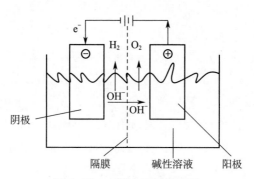

图4-29 电解水制氢的原理

②热化学循环制氢。热化学制氢法是指将水加热到一定温度使水分解制氢的方法。纯水分解反应的自由能变化正值很大（237 kJ/mol），直接分解需要2 227 ℃以上的高温，如此高温需要很高压力才能维持水的液态，现实中难以实现。多步热化学循环制氢可以降低温度。与电解水制氢相比，多步热化学循环制氢是能耗最低、最合理的制氢工艺。若这种方法与太阳能利用结合起来，可能成为成本最低廉的制氢工艺。常见的多步热化学循环制氢方法有：溴－钙－铁热化学循环分解水制氢，利用高温堆进行热化学循环制氢。热化学循环制氢最终能否规模化生产，不仅取决于其本身技术成熟与否（包括循环物质对环境的影响、新的耐腐蚀性容器材料、工艺规程等），还要和其他制氢方法的经济性、可靠性进行比较。

2）化石能源制氢。氢可以由化石能源制取，也可由可再生能源获得，但是可再生能源制氢技术目前尚处于初步发展阶段。世界上商业化应用的氢大约有96%是从煤、石油和天然气等化石能源中制取。

①天然气制氢。天然气的主要成分是甲烷。天然气制氢的方法主要包括天然气水蒸气重整制氢、天然气部分氧化制氢、天然气水蒸气重整与部分氧化联合制氢、天然气（催化）裂解制氢。

②煤气化制氢。我国煤炭资源相对丰富,煤气化制氢是主要的制氢方法。所谓煤气化,是指煤与气化剂在一定温度、压力等条件下发生化学反应而转化为煤气的工艺过程。煤气化制氢主要包括三个过程:造气反应、水煤气转化反应、氢的纯化与压缩。

③烃类制氢。烃类制氢主要有三种方法:一是烃类分解生成氢气和炭黑的制氢方法,反应式为 $C_nH_m \rightarrow nC+(m/2)H_2$;二是轻质油催化制氢方法,反应式为 $C_nH_{2n+2}+nH_2O \rightarrow nCO+(2n+1)H_2$,$CO+H_2O \rightarrow CO_2+H_2$;三是重油部分氧化制氢法,即重油与水蒸气及氧气反应制得含氢气体产物。

④醇类制氢。醇类制氢主要有两种方法:一是甲醇制氢,可以通过三种途径制氢,分别为甲醇裂解 – 变压吸附制氢、甲醇 – 水蒸气重整制氢及甲醇部分氧化法制氢;二是乙醇制氢,理论上乙醇可以在催化剂的作用下,通过水蒸气重整、部分氧化、氧化重整等方式转化为氢气。

3)生物质制氢。生物质具有可再生性且储量丰富,被誉为即时利用的绿色煤炭。生物质制氢由于其能耗低、环保等优势而成为国内外研究的热点,是未来氢能制备技术的主要发展方向之一。目前对生物质制氢的研究可分为微生物法制氢和生物质气化制氢两类。

①微生物法制氢。微生物法制氢是利用某些微生物代谢过程来生产氢气的一项生物工程技术,主要采用光合生物制氢和厌氧微生物发酵制氢两种方法:光合生物制氢是利用光合细菌或藻类直接把太阳能转化为氢能;厌氧微生物发酵制氢是利用厌氧菌或厌氧型的固氮菌分解小分子的有机物制氢,此类微生物产氢机制又分为厌氧发酵、甲酸产氢和古细菌产氢。

②生物质气化制氢。生物质气化制氢通常指通过热化学方式将生物质气化转化为高品质的混合燃气或合成气,然后通过分离气体得到纯氢。生物质气化制氢主要分为三种方法。一是生物质催化气化制氢,是指将预处理过的生物质在气化介质(如空气、纯氧、水蒸气或三者的混合物)中加热到 700 ℃以上,将生物质分解转化为富含氢气的合成气,然后将合成气进行催化变换得到含有更多氢气的新的合成气,最后从新的合成气中分离出氢气。因此,生物质催化气化制氢包含三个过程:生物质气化过程、合成气催化变换过程、氢气分离和净化过程。二是超临界水中生物质催化气化制氢。超临界水的介电常数较低,有机物在水中的溶解度较大,在其中完成生物质的催化气化,生物质能比较完全地转化为气体和水可溶性产物,气体主要是氢气和二氧化碳,反应不生产焦油、木炭等副产品。对于

高水分的湿生物质可以直接气化，不需要高能耗的干燥过程。三是等离子体热解气化制氢。等离子体热解气化制氢中的活性物质是高能电子和自由基，利用极光束、闪光管、微波等离子、电弧等离子等通过电场电弧将生物质热解，生成的合成气主要成分是氢气和一氧化碳，无焦油产生。

4）太阳能制氢。传统的制氢方法能耗几乎都很高，这使得制氢成本居高不下。若能用太阳能作为制氢的能量来源，则能大大降低制氢成本，使氢能具有广阔的应用前景。目前正在探索的太阳能制氢方法主要有太阳能光热分解水制氢、太阳能电解水制氢、太阳能光化学分解水制氢、太阳能光电化学分解水制氢等。

①太阳能光热分解水制氢。太阳能光热分解水制氢有两种方式。一是直接热分解，即利用太阳光把水或水蒸气加热到 3 000 K 以上，使水分解成氢气和氧气，但太阳光聚焦发热设备非常昂贵。二是热化学分解，即利用太阳光把加有催化剂的水加热到 900 ~ 1 200 K，使水分解成氢气和氧气，催化剂再生后可循环使用，制氢效率可达 50%。

②太阳能电解水制氢。太阳能电解水制氢通过两步实现：第一步经太阳能发电系统发电；第二步是将所发的电用于电解水，制取氢气。这种方法光电转换效率低，制氢成本高昂。

③太阳能光化学分解水制氢。太阳能光化学分解水制氢通过三步实现：第一步先完成光化学反应，即太阳光照射加有催化剂的水，将水分解为氢离子和氢氧根离子；第二步进行光热反应，即利用太阳能加热分解成离子的水，进行热化学反应；第三步进行光电作用，即利用太阳能对前处理的水进一步进行电化学反应，实现在较低温度下获得氢气和氧气。此方法为利用太阳能大规模制氢提供了实现的基础，其关键是要开发出光解效率高、性能稳定、价格低廉的光敏催化剂。

④太阳能光电化学分解水制氢。太阳能光电化学分解水制氢是利用特殊的化学电池（其电池的电极在阳光照射下能够维持恒定电流）将水离解而获取氢气。此方法的关键是要确定合适的电极材料。

（2）氢气的纯化

无论采用哪种方法制备氢气，得到的均是氢气混合物，需要进一步提纯和精制，以获得高纯氢。目前，精制高纯氢的方法主要包括冷凝 – 低温吸附法、低温吸收 – 吸附法、变压吸附法、钯膜扩散法、金属氢化物法及其相关联用法。

1）冷凝 - 低温吸附法。冷凝 - 低温吸附法进行氢气的纯化需要两步完成：第一步，采用低温冷凝法对含氢混合气进行预处理，除去杂质水和二氧化碳等，在不同温度下需要进行二次或多次冷凝分离；第二步，采用低温吸附法精制，将预冷后的前处理氢送入吸附塔，在液氮沸点温度（-196 ℃）下，用吸附剂除去气体中的各种杂质。此工艺多采用两个吸附塔交替操作，净化后氢气纯度可达 99.999% ~ 99.999 9%。

2）低温吸收 - 吸附法。低温吸收 - 吸附法进行氢气的纯化需要两步完成：第一步，依据含氢混合气中杂质种类，选用合适的吸收剂（如甲烷、丙烷、乙烯、丙烯等）在低温下循环吸收氢中的杂质；第二步，采用低温吸附法，用吸附剂除去气体中的微量杂质，制得纯度为 99.999% ~ 99.999 9% 的高纯氢气。

3）变压吸附法（PSA）。变压吸附法是利用气体组分在吸附剂上吸附特性的差异以及吸附量随压力变化原理，通过周期性的压力变化过程实现气体的分离。由于 PSA 法具有能耗低、产品纯度高、工艺流程简单、预处理要求低、操作方便可靠、自动化程度高等优点，在气体分离领域得到广泛应用。

（3）氢气的储存

氢气的储存是非常关键的技术，储氢问题不解决，氢能的应用就很难推广。氢气单位体积所含的能量远小于汽油，甚至少于天然气，因此必须经过压缩或低温液化，或者用其他方法提高其能量密度后方能储存和应用。目前氢的储存有四种方法：高压气态氢储存、低温液氢储存、金属氢化物与强吸附材料储氢及有机化合物储氢。

1）高压气态氢储存。氢气可以储存在地下库或水封下的大罐里，也可装入钢瓶中。罐装法适合大规模储存气体时使用，但因氢气密度太低，应用很少。为减小储存体积，必须对氢气实施压缩，气态压缩高压储氢成了较为普遍的储氢方式。目前国际上已经出现 35 MPa 的高压储氢钢瓶，我国一般使用的标准氢气钢瓶为压力 15 MPa、容积 40 L。为了提高安全性，我国氢气钢瓶出口连接螺纹为顺时针旋向（与其他气体瓶螺纹反向），且瓶身外部均涂绿漆。标准氢气钢瓶只能储存 6 m³ 氢气，质量约合 0.5 kg，一般为装载瓶质量的 2%。这种高压钢瓶储氢运输成本太高，此外还有氢气压缩的能耗和相应的安全问题。

2）低温液氢储存。在常压下，氢气熔点为 -253 ℃，气化潜热为

921 kJ/kmol，液态氢密度是氢气的 845 倍。液氢的热值高，每千克热值为汽油的 3 倍。

低温液氢储存是将高纯氢气冷却到 20 K，使之液化后，封装到"低温储罐"中储存。为了达到优异的隔热效果，低温储罐被做成真空绝热的带有铝箔反射的双侧壁不锈钢容器。低温液氢储存具有储氢密度高的优势，对于移动用途的燃料电池而言，具有相当诱人的应用前景。然而，由于氢气液化十分困难，液化成本较高，此外对储罐绝热也有极高要求，储罐体积约为储液氢的 2 倍，因此目前只有少数汽车公司推出的燃料电池汽车上采用这种低温液氢储存方法。

3）金属氢化物与强吸附材料储氢。氢与氢化金属之间可以进行可逆反应：当外界有热量加给金属氢化物时，它就分解为氢化金属并释放氢气；反之，氢和氢化金属构成氢化物时，氢就以固态结合的形式储于其中。用于储氢的氢化金属大多为由多种元素组成的合金。目前世界上已研究成功多种储氢合金，储氢合金的分类方式有很多种：按储氢合金材料的主要金属元素情况分类，可分为稀土系、镁系、锆系、钙系等；按组成储氢合金金属成分的数目分类，可分为二元、三元和多元系；若把构成储氢合金的金属分为吸氢类（以 A 表示）和不吸氢类（以 B 表示），则可以将储氢合金分为 AB5 型、AB2 型、AB 型、A2B 型。A 和 B 的组合关系差异影响合金的性能。金属氢化物储氢的主要劣势是：储氢量低、成本高及释氢温度高。

强吸附材料储氢是利用一些材料对于接触的氢气会产生强烈的物理与化学吸附性能，使氢气储存在其中，而当对吸附氢的材料加热时又使其恢复成强吸附材料并释放氢气。比如活性炭就是一种对氢气具有强吸附性材料，利用纳米碳管储氢已展现了良好的前景，由于其储氢量远大于金属氢化物，因此随着纳米碳管成本的进一步降低，此种储氢方法有可能实用化。

4）有机化合物储氢。有机化合物储氢是利用催化加氢和催化脱氢反应使有机化合物储放氢的方式。某些有机化合物可作为氢气载体，其储氢率大于金属氢化物，而且可大规模远程输送，适合长期性的储存与运输，也为燃料电池汽车提供了良好的氢源途径。

（4）氢气的运输

氢气可以像其他气体一样，采用管道输送或储罐车输运。对于小规模的需求，可以用储罐车输运，大规模输送则采用管道更好。氢气虽然有很好的输运性，但不论是氢气还是液氢，它们在被使用过程中均存在着不可忽视的特殊问题。首先，由于氢气密度很小，与其他化石燃料相比在运输和使用过程中单位能量所占的体积特别大，即使液氢也是如此。其次，氢特别难封存，氢燃料的汽车行驶试验已经证明，即使是真空密封的氢燃料箱，每 24 h 的泄漏率就达 2%，而汽油通常每个月才泄漏 1%，因此对于储氢容器和输氢管道及其接头、阀门等都要采取特殊的密封措施。最后，液氢的温度极低，只要有一滴掉在皮肤上就会发生严重的冻伤，因此运输和使用过程中应特别注意采取各种安全防范措施。

3. 氢能的应用

目前氢气主要在石化、冶金等行业中作为工业原料利用，作为化工原料利用的氢气约占氢气总产量的 60%。此外，人们正试图将氢能转化为热能、电能，应用于船舶、新能源汽车与摩托车上。对于未来的"氢经济"（以氢为媒介包括其制备、储运和转化应用全过程发展的一种未来的经济结构设想），氢的应用技术主要包括：燃料电池、燃气轮机（蒸汽轮机）发电、内燃机和火箭发动机。

（1）航天与军事应用

1970 年美国"阿波罗"登月飞船使用的起飞火箭就是用液氢作为燃料的。2022 年我国长征五号、七号等新一代运载火箭的发动机都开始采用液氢作为燃料。目前科学家们正研究一种"固态氢"宇宙飞船。固态氢既可作为飞船的结构材料，又可作为飞船的动力燃料，在飞行期间，飞船上所有的非重要零部件均可作为能源消耗掉，飞船就能飞行更长的时间。氢弹是氢在军事上的经典应用。

（2）氢气燃烧发电

对于大型输电网络，由于末端用户的用电负荷不同，输电网会出现用电的高峰与低谷。为了实现电网调峰，常常需要一种快速启动和比较灵活的发电站作为补充，氢能发电就是一种理想的选择。利用氢气与氧气燃烧，构成一发电机组，此机组无须复杂的锅炉蒸汽发电系统，具有结构简单、启动迅速、维修方便等特点，在输电网用户负荷低时，还可以吸收多余的电进行电解水生产氢气和氧气，已备用电高峰时发电之用。此外，氢气和氧气还可以直接改变常规火力发电机组的运行状况，提高电站的发电能力。

（3）燃料电池

通常的电池是一种储能装置，是把电能储存在电池中，需要用电时让其释放电能。但是氢燃料电池严格来说就是一种发电装置，它是把化学能直接转化为电能的电化学发电装置。燃料电池无须充电，只要在其阳极侧连续输入氢气等燃料，再在阴极侧通入氧气或空气，电能就会源源不断地产生。燃料电池无污染、无噪声，发电效率可超过 50%。

1）燃料电池的基本原理。燃料电池由电极（阴极和阳极）、电解质及外部电路负载组成。燃料电池的阳极为燃料电极，通常充入氢或烃类重整后的富氢气体，也可直接采用烃类燃料；阴极为氧化剂电极，通常充入纯氧或空气。一般阳极和阴极电极均制成多孔状，都含有用于加速电化学反应的催化剂。两极之间充入电解质，它是燃料电池的核心部分，作用是用来传导质子，并阻止电子和反应物直接在电池内传输。燃料电池的工作原理相当于电解反应的逆向反应。氢 – 氧燃料电池的工作原理如图 4-30 所示。

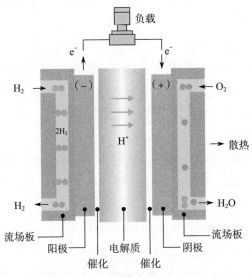

图 4-30　氢 – 氧燃料电池的工作原理

2）燃料电池的分类。燃料电池种类繁多，可以按照燃料来源、工作温度、电解质类型、燃料特性等不同标准进行分类。

按照燃料来源可以分为直接式与间接式燃料电池：把原始燃料（如氢和甲醇）送入燃料电极直接作为电池反应物的称为直接式燃料电池；通过

某种化学方法（如催化重整）或物理方法（如高温裂解），先将化合物变成富氢的混合气体，再经过净化装置后送入燃料电极作为电池反应物的称为间接式燃料电池。

根据燃料电池工作温度可分为低温（<200 ℃）、中温（200~750 ℃）、高温和超高温（>750 ℃）燃料电池。

根据电解质类型不同可将燃料电池分为碱性燃料电池（AFC）、磷酸型燃料电池（PAFC）、熔融碳酸盐燃料电池（MCFC）、固体氧化物燃料电池（SOFC）和质子膜燃料电池（PEMFC）。通常电解质的类型不但决定了燃料电池的工作温度，还决定了电极上采用的催化剂以及发生反应的化学物质。

AFC属于低温燃料电池，曾用于美国"阿波罗计划"中，目前仍是航天飞机的主要电源。AFC的能量转换效率很高（可达70%），可常温工作，启动快，缺点是电解质容易和二氧化碳发生反应。

PAFC的工作温度约为200 ℃，电池的能量转换效率为40%，功率容量大，但催化剂一氧化碳敏感，启动时间长。目前在北美、欧洲、日本等地已有许多PAFC发电站在运行。

MCFC属于高温燃料电池，它利用高温下的熔融态碱金属碳酸盐作电解质，因此对燃料和氧化剂的适应性强，尤其适合含碳燃料，如水煤气、天然气或烃类蒸气转化而来的其他气体燃料。MCFC余热温度高，可用来实现多联产发电，总能量转换效率超过60%，且系统简单，无须贵金属催化剂，更适合地面发电站。

SOFC是高温燃料电池，它是利用固体氧化物作电解质。由于工作温度高（1 000 ℃），同时排出的是品位更高的高温蒸汽，因此SOFC更适合与轮机发电等组合一起使用，实现高效率的多联产发电。耐高温材料的研发是阻碍SOFC迅速发展的主要原因。

PEMFC采用固体聚合物作电解质，工作温度为20~100 ℃，启动快，可用空气作催化剂，比功率大，寿命长，所以被广泛应用。其缺点是对一氧化碳很敏感，反应物需加湿，需贵金属作催化剂。PEMFC具有优良的使用性能，在电动汽车上具有广泛应用前景。图4-31为PEMFC在汽车上的应用示例。

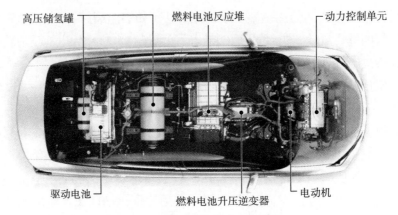

高压储氢罐　　燃料电池反应堆　　动力控制单元

驱动电池　　燃料电池升压逆变器　　电动机

图 4-31　PEMFC 在汽车上的应用

4.2.4　其他新能源

1. 核能

自 19 世纪末法国科学家贝克勒尔、居里夫妇分别发现铀（U）和镭（Ra）的天然放射性以来，基于百年来世界各国科学家的辛勤探索，人类不但对物质的微观结构有了更深刻的认识，而且还开发出了威力无比的核能。与此同时，与核能相关的技术，像加速器技术、同位素制备技术、核辐射探测技术、核成像技术、辐射防护技术及应用核技术等，都得到了快速发展。人类已经开始在多领域应用核能，如核能发电、工业探伤、辐照育种、材料改性、放射性诊断和治疗等。尤其是核能发电，在化石能源短缺、水能资源缺乏、大气环境污染严重、需要减少二氧化碳等温室气体排放的大背景下，大力发展核能发电势所必然。

（1）核能概述

1）核能的基础知识。核能又称原子能，是原子核结构发生改变时释放的能量。核能释放通常有两种方法：一种是重原子核分裂成多于一个的较轻原子核，产生链式反应，释放出巨大能量，称为核裂变能（如原子弹爆炸）。另一种是两个较轻原子核（氘和氚）聚合成一个较重的原子核，并释放出巨大能量，称为核聚变能（如氢弹爆炸）。迄今为止，核能的工业应用还仅限于核裂变能，而核聚变能的应用还处于艰辛的技术研发中。

原子由原子核和电子组成，其中原子核由质子和中子组成。1938 年，德国奥托哈恩等用中子轰击原子核，首次发现重原子和重原子核裂变现象。1942 年美国芝加哥大学成功启动了世界第一座核反应堆。1945 年美国成功研制出原子弹。1954 年苏联建成了世界上第一个核裂变能发电站。爱因斯坦是核能理论的伟大奠基者。人们认识到放射性元素在释放肉眼看不见的射线后，变成其他元素，在这个过程中，原子的质量会有所减轻，所损失的质量转变成巨大的能量，这就是核能的本质。

2）核能应用相关概念。为了有效利用核能技术，20 世纪 40 年代就有大批学者进行大量相关研究，实现了核能在可控条件下被利用。从此核能为世人发挥了巨大的作用，目前用于民用的核技术主要是核裂变技术，其关键概念如下。

①核燃料。核能的释放必须有充足的可裂变物（如 ^{235}U），这种物质称为核燃料。在自然界中铀会以两种同位素形式存在：^{238}U（占 99.3%）和 ^{235}U（占 0.7%）。^{238}U 不容易裂变，无法维持链式反应，所以 ^{235}U 才是真正的核燃料。

然而陆地上铀的储量并不丰富，且分布极不均匀，只有少数国家拥有有限的铀矿，算上低晶位铀矿及其富产铀化物，总量也不超过 5×10^6 t，按目前的消耗量，只够开采几十年。但在海水中却含有丰富的铀矿资源，大约相当于陆地总储量的几千倍，但是海水中含铀量很低，每千吨海水约含 3 g。只有把铀从海水中提取出来才能应用，这项技术实施起来十分复杂和困难。但是，人们已经试验了多种海水提铀的方法，如吸附法、共沉法、气泡分离法以及藻类生物浓缩法等。

此外，^{239}Pu 和 ^{233}U 也是很好的可裂变材料（但 ^{239}Pu 在地壳中不存在），可以用中子照射 ^{238}U 或 ^{232}Th，之后经过两次 β 衰变就可以获得 ^{239}Pu 和 ^{233}U，最可喜的是这样就使 ^{238}U 也成为制造核燃料的原料了。

②减速剂。裂变反应中新产生的中子速度极快，可达 2×10^7 m/s，这种快中子引起裂变的概率极低。当中子的运动速度降到约 2.2×10^3 m/s 时，就容易集中铀核使铀发生裂变，此时的中子被称为热中子。要使快中子减速成为热中子，就需要减速剂。依据弹性碰撞原理，减速剂的质量与中子的质量越接近，对中子的减速效果就越好，因此一般选用轻核物质如普通水、重水、纯石墨等作为减速剂。

③中子增殖速度控制。为了维持链式反应自持地进行，并使裂变产生的能量源源不断地释放出来，必须严格控制中子的增殖速度，使中子增殖系数 $K=1$，这样产生的中子与外逸及被吸收的中子相互抵消，发生核裂变

的原子数目既不增加也不减少，链式反应将自持地进行，此状态称为临界状态。$K>1$ 的状态称为超临界状态，此时发生核裂变的原子数目急剧增加，反应激烈进行，大量的能量瞬间释放，以致发生爆炸。

控制中子的增殖速度可以控制核能释放，要保证堆芯中子的 $K=1$，需要找到具体控制件，即控制棒。研究发现，镉（Cd）对中子有较大的俘获截面，具有能吸收大量中子的特殊性质。以金属镉为材料制成的控制棒（镉棒）能控制中子增殖速度。把镉棒插在核反应堆芯中上下移动，通过改变镉棒插在堆芯中的深浅度，就可以人为地控制中子的增殖速度。

④核反应堆（又称原子反应堆或反应堆）。反应堆是装配了核燃料以实现大规模可控制裂变链式反应的装置。反应堆的合理结构应该是核燃料 + 减速剂 + 热载体（冷却剂）+ 控制设施 + 防护装置 + 安全设施。反应堆按采用的减速剂不同可分为轻水堆（压水堆和沸水堆）、重水堆、石墨堆等。

3）核能的优势。核能是一种经济、清洁和安全的新能源，目前在民用领域中主要用于核能发电。核能具有如下优势。

①能量密度大。核能的能量密度大。消耗极少的核燃料就能产生巨大的能量。^{235}U 裂变时产生的热量约为同等质量煤的 260 万倍，是石油的 160 万倍。对于核电站来说，只需消耗少量的核燃料，就能生产大量的电能。如一座 1 000 MW 的火力发电厂年耗煤（$3\sim4$）$\times 10^6$ t，同功率的核电站年耗核燃料只需 $30\sim40$ 吨。可见，核能的利用不仅可以节省大量的化石能源，而且极大减少了燃料的运输量。

②清洁、低污染。核能属于清洁能源，核能利用是减少大气环境污染和二氧化碳温室气体排放的有效途径。与火力发电相比，核能发电污染远比火力发电小，核电对公众产生的辐射照射相对很小，正常情况下对公众健康影响极小，核燃料生产加工及电站建设与维护产出的二氧化碳很少。用化石燃料燃烧发电，排出 SO_x 和 NO_x 等气体对森林、农作物等影响十分明显，而且会排放大量二氧化碳温室气体。

③经济性好。发电的成本由投资费、燃料费和运行费三部分组成。核电站与火力发电站相比，核电的投资费与火电基本相当，运行费略高于火电，燃料费却只有火电的 1/4，此外若把化石燃料的开采、加工、运输都计入发电成本，则核能发电成本具有一定优势，比较下来核电是一种运行起来非常经济的能源。

（2）核能发电

1）核能发电技术。核能发电（简称核电）是和平利用核能的一种重要途径。核能发电是利用核反应堆中核裂变所放出的热量实现热力发电的方式。它与火力发电很相似，只是用核反应堆与蒸汽发生器来取代火力发电的锅炉，以核裂变能代替矿物燃料的化学能。其能量转换过程是：核能→水及其蒸汽的热能→发电机转子的机械能→电能。除沸水堆外，其他类型的反应堆均是利用一回路中的冷却剂通过堆芯被加热，再经过蒸汽发生器将热量传递给二回路或三回路的水使其变成蒸汽，进而推动汽轮发电机发电。沸水堆则是一回路的冷却剂通过堆芯被加热到约 70 atm 的饱和蒸汽，再经过汽水分离并干燥后直接推动汽轮发电机发电。

核电站通常由三部分组成：利用原子核裂变生产蒸汽的核岛、利用蒸汽发电的常规岛以及核电厂配套设施。压水堆核能发电系统组成与工作原理如图 4-32 所示。

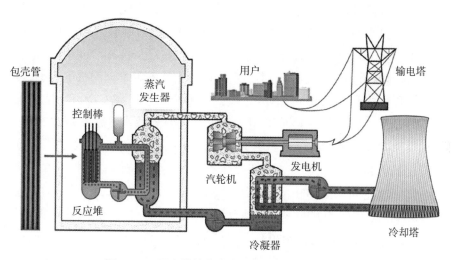

图 4-32　压水堆核能发电系统组成与工作原理

2）世界核电站的发展与现状。1954 年，苏联建成世界上第一座装机容量为 5 MW 的奥布灵斯克实验核电站。美、英等国也相继建成各类核电站。到 1960 年，有 5 个国家建成 20 座核电站，装机容量达 1 279 MW。由于核浓缩技术的发展，到 1966 年核能发电的成本已低于火力发电的成本，核电真正开始进入应用阶段。1978 年全世界 22 个国家和地区已经建成了 200 多座 30 MW 以上的核电站，运行总装机容量达 107 776 MW。20 世纪

80 年代化石能源短缺日益突出，核电的发展更快。截至 1991 年，全球有近 30 个国家和地区建成了 423 套核电机组，总装机容量达 327 500 MW，其发电量约占全世界总发电量 16%。进入 21 世纪，随着世界能源与环境危机的出现，核电作为清洁能源的优势重新受到重视，美国、欧洲、日本开发了先进的轻水堆核电站。但 2011 年的福岛核事故成为世界历史上第二大核事故，导致全球核电站经历了大规模停闭潮，全球核电年发电量占比降至 11%。截至 2014 年年底，全世界共有在运核反应堆（含实验堆）437 个，装机总容量为 374.9 GW。美国最高，反应堆高达 99 座；法国次之，反应堆总共 58 座；我国位居第六，商用反应堆达 22 座。截至 2022 年年底，全球正在运行的核电机组共 442 个，核电发电量约占全球发电总量的 16%，正在建设的核电机组 65 个。世界核电站数量占据前三位的国家分别是美国（96 座）、法国（58 座）和中国（50 座）。

核能发电的历史与核反应堆的发展历史密切相关。根据反应堆技术不同，通常将核电机组分为四代。20 世纪 50 年代，实验证明了利用核能发电的技术是可行的，国际上把实验性的原型核电机组称为第一代核电机组。20 世纪 60 年代后期，核电的技术可行性和经济性均得以验证，发电功率 300 MW 的压水堆、沸水堆、重水堆、石墨堆等堆型的核电机组，称为第二代核电机组。20 世纪 90 年代，为了能够满足高安全可靠性要求，通常把满足美国《先进轻水堆用户要求文件》和欧洲《欧洲用户对轻水堆核电站的要求》的核电机组称为第三代核电机组。2000 年 1 月，美国、英国、瑞士、南非、日本、法国、加拿大、巴西、韩国和阿根廷共 10 个有意发展核能的国家，联合组成了"第四代国际核能论坛"（简称 GIF 论坛），并于 2001 年 7 月签署了共同合作研究开发第四代核能技术。第四代核能机组的开发目标为：2030 年前创新地开发出新一代核能系统，使其安全性、经济性、废物产量、防核扩散、防恐怖系统等方面都有显著提高；研究开发不仅包括用于发电或制氢等的核反应堆装置，还包括核燃料循环，以达到组成完整核能利用系统的目标。GIF 论坛选出了钠冷快堆、气冷快堆、铅冷快堆、超高温气冷堆、熔盐堆和超临界水冷堆等六种堆型作为候选的第四代堆型。

3）我国核电站发展与现状。伊拉克战争后的石油形势暴露出我国能源安全潜伏的危机，主要表现在能源需求与化石能源储量不足的矛盾，同时，以煤为主的能源结构所造成的环境污染引起了人们的高度重视。核能对于我国的可持续发展具有重要战略意义，它将确保国家长期的能源安全，也将维持我国的核大国地位以确保国家安全，还能激发我国相关产业及其高新技术的发展，并能为改善环境污染做贡献。从长远着眼，今后核能除了发电之外，还将为交通运输核工业供热（如用核能制氢及海水淡化等）提供清洁能源，逐步取代日益短缺的化石能源。目前我国已经拥有相对完整的核工业体系。1958 年第一座研究性重水堆和第一台回旋加速器的建成，标志着我国进入核能时代；1983 年确定压水堆核电技术路线之后，我国在核电站设计、设备制造、工程建设和运行管理方面逐渐进步并具有一定能力。随着核电实现商业化运行，我国核能发电量占总发电量的比例在波动中上升，2014 年全国核能发电量达到 1.3×10^{11} kW·h，约占全国总发电量的 2.39%。截至 2022 年年底，我国运行核电机组共 55 台（不含台湾地区），额定装机容量为 56 985.74 MW。2022 年 1—12 月，运行核电机组累计发电量为 4.2×10^{11} kW·h，占全国累计发电量的 4.98%。表 4-8 给出了截至 2022 年年底我国正式运行核电机组的装机与分布情况。

2. 海洋能

海洋能是指蕴藏在海水中的各种可再生能源，主要包括潮汐能、波浪能、海流能、温差能及盐差能等。潮汐能和海流能源于太阳和月亮对地球的引力变化，其他形式海洋能均源于太阳辐射。按照储能形式分类，海洋能可以分为海洋机械能、热能及化学能。像潮汐能、波浪能及海流能均为海洋机械能，温差能和盐差能分别属于热能与化学能。

海洋能具有鲜明的特点：蕴藏量大；具有可再生性；属于清洁能源，其自身对环境污染影响很小；能力密度低且能流的分布不均；兼有稳定性能（如温差能、盐差能及海流能）、非稳定而有规律性能（如潮汐能）以及非稳定而无规律性能（如波浪能）。

我国有 18 000 多千米的海岸线，渤海、黄海、东海、南海的海域总面积 4.73×10^6 km²，海洋能源储备丰富，利用价值高。大力发展海洋能源，对于优化我国能源消费结构、促进"双碳"目标达成以及支撑社会经济可持续发展具有重要意义。

（1）潮汐能发电

潮汐能是指海水潮涨和潮落形成的水势能，其发电利用原理类似水力发电。潮汐能的能量大小与潮量和潮差成正比。世界上较大的潮差值为 13~15 m，我国的潮差最大值约为 8.9 m。通常潮差在 3 m 以上就具有实际

表 4-8　我国正在运行的核电机组（截至 2022 年年底）

序号	电站/机组名称 电站	电站/机组名称 机组	所在地	装机容量/MW	序号	电站/机组名称 电站	电站/机组名称 机组	所在地	装机容量/MW
1	秦山	1 号	浙江海盐	350			1 号		1 089
2	大亚湾	1 号	广东深圳	984			2 号		1 089
		2 号		984	9	福清	3 号	福建福州	1 089
3	秦山第二	1 号	浙江海盐	670			4 号		1 089
		2 号		650			5 号		1 161
		3 号		660			6 号		1 161
		4 号		660			1 号		1 086
4	岭澳	1 号	广东深圳	990			2 号		1 086
		2 号		990	10	阳江	3 号	广东阳江	1 086
		3 号		1 086			4 号		1 086
		4 号		1 086			5 号		1 086
5	秦山第三	1 号	浙江海盐	728			6 号		1 086
		2 号		728	11	方家山	1 号	浙江嘉兴	1 089
6	田湾	1 号	江苏连云港	1 060			2 号		1 089
		2 号		1 060	12	三门	1 号	浙江台州	1 251
		3 号		1 126			2 号		1 251
		4 号		1 126	13	海阳	1 号	山东海阳	1 253
		5 号		1 118			2 号		1 253
		6 号		1 118	14	台山	1 号	广东台山	1 750
7	红沿河	1 号	辽宁大连	1 118.79			2 号		1 750
		2 号		1 118.79	15	昌江	1 号	海南昌江	650
		3 号		1 118.79			2 号		650
		4 号		1 118.79	16	防城港	1 号	广西防城港	1 086
		5 号		1 118.79			2 号		1 086
		6 号		1 118.79			3 号		1 180
8	宁德	1 号	福建宁德	1 089	17	石岛湾	1 号	山东威海	211
		2 号		1 089					
		3 号		1 089					
		4 号		1 089					

利用价值。我国的潮汐能储备理论估算值约为 110 GW，但实际能利用量远小于此值。根据我国海洋能资源区划结果，沿海潮汐能可以开发的潮汐电站坝址为 424 个，总装机容量约为 22 GW。浙江和福建沿海为潮汐能较丰富地区。

潮汐能发电原理是：通过储水库，在涨潮时将海水储存于储水库内，当落潮时排放海水，利用高低潮位间的落差，以海水势能推转水轮发电机发电。因为潮汐电站在发电时储水与海洋的水位均在变化，所以潮汐电站属于变工况工作，水轮发电机组和电站系统的设计要充分考虑变工况、低水头、大流量以及海水腐蚀等问题，远比常规水电站复杂，发电效率也会低于常规水电站。

按照运行方式和对设备要求的不同，潮汐电站可以分为单库单向型、单库双向型和双库单向型三类。

1）单库单向型潮汐电站。单库单向型潮汐电站运行工况如图 4-33 所示，当涨潮时将水库闸门打开，向水库充水，平潮时关闭闸门；当落潮后待水库与外海达到一定水位差时打开电站闸门，水库外泄的海水驱动水轮发电机组发电。此类发电方式的优点是结构简单，投资少；缺点是发电断续，每天约有超过 65% 处于储水和停机状态。

2）单库双向型潮汐电站。单库双向型潮汐电站运行工况如图 4-34 所示，存在两种设计与运行方案：第一种方案是利用两套单向阀门控制两条通向水轮机的管道，当涨潮与落潮时，海水分别从各自的引水管道进入水轮机，使水轮发电机组单向旋转发电；第二种方案是采用双向水轮发电机

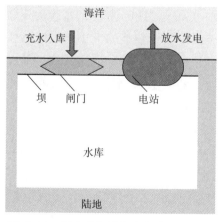

图 4-33 单库单向型潮汐电站运行工况

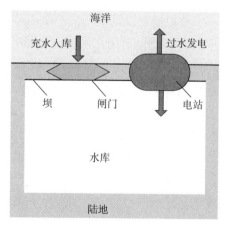

图 4-34 单库双向型潮汐电站运行工况

组，当潮水涨落时均能推动水轮机转动发电，只是进出海水使水轮机转动方向不同，连续运行的库水位总是在平均潮位附近波动。此类发电方式的优点是连续性发电，电网适应性好；缺点是结构较复杂，安装成本较高，机组发电效率较低，总发电量比单向式少。

3）双库单向型潮汐电站。双库单向型潮汐电站运行工况如图 4-35 所示，采用两个水力相连的高低位水库，可以实现潮汐能连续发电。当涨潮时将开进水闸门向高位水库充水，平潮时关闭进水闸门；当落潮时低位水库开泄水闸门，由低位水库排水，利用高低库水间水位差，使水轮发电机组连续单向旋转发电。

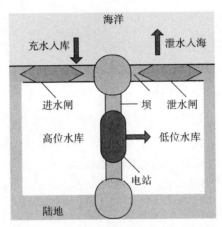

图 4-35　双库单向型潮汐电站运行工况

（2）波浪能发电

波浪能是以动能形式出现的海洋能。波浪是由风引起的海水起伏波动现象，本质上是海水吸收风能而形成波浪能。波浪能的大小与风速、风向、风吹持续时间、海水流速等众多因素有关。台风导致的巨浪，每米迎风面其功率密度能达到几兆瓦，而波浪能丰富的北海地区，年平均波浪功率密度为 20～40 kW/m，我国大部分海岸的年平均波浪功率密度为 2～7 kW/m。据估算，全球海洋的波浪能可达 7×10^7 MW，可开发利用的为（2～3）$\times 10^6$ MW。我国海岸波浪能有（7～9）$\times 10^4$ MW，主要集中分布在浙江、福建、广东、海南及台湾。经过多年的研究与发展，在波浪能利用技术方面，我国与国际先进水平接近。

波浪能的主要利用方式为波浪发电，还可用于抽水、供热、海水淡化甚至制氢等方面。波浪能利用装置的种类繁多，但大部分装置源于三种原理：利用物体在波浪作用下的振动和摆动动能，利用波浪压力变化的势能，利用波浪沿岸爬升所形成的势能。波浪能发电是通过波浪能转换成往复或旋转机械能，再进一步转换成电能的过程。波浪能利用装置类型主要包括振荡水柱式、振荡浮子式、漂浮式、点头鸭式、越浪式、整流器式、海蚌式、软袋式、摆式、收缩水道式等。

漂浮式如英国"海蛇"号（见图4-36），橡胶蛇身两端密封，形成半硬式气球浮于海面上。在它的末端固定着涡轮，每当海浪拍击橡胶蛇身后，产生的压力将随着蛇身内部的淡水传递，此种压力使橡胶蛇内壁向外膨胀，当遇到较小压力时就会形成一个"压力波谷"，从而形成"膨胀波"在橡胶蛇身内传播，推动涡轮发电。

图4-36 "海蛇"号漂浮式波浪能发电装置

1998年8月，日本研制了"巨鲸"号波浪能发电船（见图4-37）。该装置长为50 m、宽为30 m、高为12 m，共配备了3台波力发电装置，其中2台为额定功率30 kW的装置，1台为根据波浪的大小可转换为10 kW和50 kW功率的装置。

2013年中科院广州能源研究所研制的"鹰式一号"漂浮式波浪能发电装置（见图4-38）在珠海万山群岛海域投放发电成功。该发电装置采用特殊设计的轻质波浪能吸收浮体，可以最大程度吸收入射波而最低程度减少透射和兴波。总装机20 kW发电装置装配了10 kW液压发电和10 kW直驱发电两套系统，均成功发电。

图 4-37 "巨鲸"号波浪能发电船

图 4-38 "鹰式一号"漂浮式波浪能发电装置

在波浪能发电领域，英国的研发技术处于世界领先水平。美国首个获得商业许可的并网波浪能发电装置在俄勒冈州投入运行，并网之后可以为1 000 户家庭提供电力。日本、挪威、俄罗斯都建立了波浪发电站。2020年，我国具有自主知识产权的世界单体规模最大波浪能发电平台诞生，260 kW 海上可移动波浪能发电平台"先导一号"在西沙永兴岛投入使用。

（3）温差能发电

海洋是地球上一个巨大的太阳能集热器和蓄热器。辐射到地球表面的太阳能大部分被海水吸收，使海洋表层水温升高。海洋上下层水温的差异蕴藏着热能势差，称为海水温差能或海洋热能。海水温差能可以用来发电，此种发电方式叫作温差能发电。温差能发电主要采用开式和闭式两种循环系统。

1）温差能发电开式循环系统。开式循环系统如图 4-39 所示。表层温海水在闪蒸蒸发器中由于闪蒸而产生蒸汽,蒸汽进入汽轮机做功后再流入冷凝器。深层冷海水作为冷凝器的冷却工质。由于蒸汽是在负压下工作,所以必须采用真空泵。此种系统简单,还可以兼制淡水;但设备和体积庞大,真空泵和抽水泵功耗较大,影响发电效率。

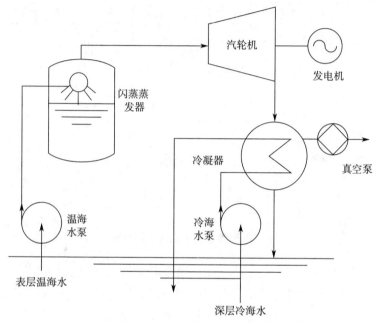

图 4-39 温差能发电开式循环系统

2)温差能发电闭式循环系统(见图 4-40)。来自表层的温海水先在蒸发器内换热,将热量传递给低沸点工质(如丙烷、氨等)使其蒸发,产生的蒸气再推动汽轮机带动发电机发电,冷凝液再泵回蒸发器中封闭循环使用。深层冷海水作为冷凝器的冷却介质。此种闭式循环系统因不需要真空泵,是目前温差能发电中最为常用的循环系统。

(4)盐差能发电

盐差能是以化学能形态出现的海洋能。盐差能是指海水和淡水之间或者两种含盐浓度不同的盐水之间的化学电位差能。盐差能主要存在于河海交汇处,同时,淡水丰富地区的盐湖和地下盐矿也有盐差能可以利用。盐差能是海洋能中能量密度较大的一种可再生能源。一般 35‰ 盐度海水和河水之间的化学电位差相当于 240 m 水位差的能量密度。这种化学电位差可利用半渗透膜(水能通过而盐被阻止)在盐水和淡水交接处实现。

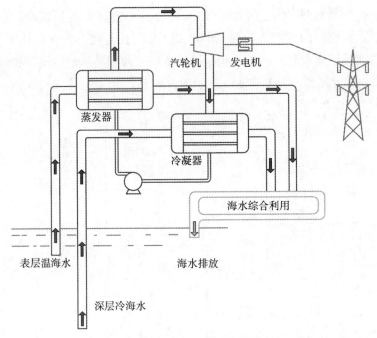

汽轮机　发电机

蒸发器

冷凝器

海水综合利用

表层温海水　海水排放

深层冷海水

图 4-40　温差能发电闭式循环系统

盐差能主要用于发电。盐差能发电原理实际上是利用浓溶液扩散到稀溶液中释放出的能量，将不同盐浓度的海水之间的化学电位差能转化成水的势能，再利用水轮机发电。具体发电形式主要有渗压式、蒸汽压式和机械－化学式等。其中渗压式最受重视，目前渗压式盐差能转换方法主要分为水压塔渗压系统和强力渗压系统两种。

全世界可利用的盐差能约为 2.6×10^6 MW，比温差能还要多。据估算，我国沿海盐差能蕴藏量理论功率约为 1.25×10^5 MW。盐差能开发关键是膜技术，目前半渗透膜的渗透能力还需要大幅提高，这样盐差能才可能商业化。

3. 地热能

地球本身就是一座巨大的天然储热库。所谓地热能就是指地球内部蕴藏的热能。据估算，简单从地球内部传送到地面的地热能总量约 14.5×10^{15} J，相当于 5×10^{12} t 标准煤燃烧释放的热量。地热能来源于两个方面：一是源于地球深处的高温熔融体，二是源于放射性元素的衰变。

（1）地热资源分类与分布

1）地热资源分类。地热能按属性可分为四种类型。

①水热型地热能。即地表浅处（地下 400～4 500 m）的热水或蒸汽中的热能。

②地压地热能。即在某些大型沉积（或含油气）盆地深处（3～6 km）存在着的高温高压流体中的热能，这些流体中含有大量甲烷气体。

③干热岩地热能。即特殊地质条件造成高温但少水甚至无水的干热岩体中的热能，需要通过人工注水的方法才能将其提取。

④岩浆热能。即储存在高温（700～1 200 ℃）熔融岩浆体中的巨大热能，但如何开发利用目前仍处于探索阶段。

目前只有水热型地热能已经达到商业化开发利用阶段。根据开发利用目的，可将水热型地热能进一步分为高温（150 ℃）、中温（90～150 ℃）及低温（低于 90 ℃）水热资源。高温水热资源主要用于地热发电，低温水热资源多用于地热直接利用（如供暖、制冷、工农业用热和旅游疗养等）。

地热能是可再生的清洁能源，具有分布广泛、热流密度大、使用方便、流量和温度参数稳定的优势，且不受天气状况的影响。

2）地热资源分布。全球已知的地热资源主要分布于三个地带，分别是环太平洋沿岸地热带，地中海、中东及我国云南、西藏、川西地区，红海、东非大裂谷等地。这类地区地壳运动活跃，多火山或地震等。

我国地热资源非常丰富，但分布不均，主要分布在西藏南部、云南、川西、东南沿海地区，全国地热能储量折合标准煤约为 8.5×10^{11} t。我国温泉很多，从沿海的福建、广东、海南到东北长白山，从台湾到西南的川、滇、藏，以及胶东半岛、辽东半岛等，还有些内陆盆地，如松辽、汉江盆地等，都有分布。

（2）地热能的利用

地热能的利用包含两个主要方面：地热能发电和地热能直接利用。

1）地热能发电。地热能发电（简称地热发电）是利用地下热水和蒸汽为动力源的一种新能源发电技术。它的基本原理与火力发电类似，用地热能加热发电工质至蒸气，将蒸气通入汽轮机，汽轮机将热能转换为机械能，再带动发电机发电。地热发电无须庞大的锅炉，更不用化石能源，仅需要载热体把地热能载运到地面利用。

2）地热能直接利用

①地热采暖、供热及供热水。基于节能和无污染优势，地热是比较理

想的供热和采暖新能源。此类应用主要形式是采用地下热水为工业供热、为建筑物供暖和供民用洗浴。

②地源热泵。地源热泵的工作原理类似于电冰箱，它可以实现冷和热的双向输出。地源热泵是以地热能（包括土壤、地下水、地表水、低温地热水等）作为夏季制冷的冷却源、冬季采暖供热的低温热源，同时实现采暖、制冷和提供生活用热水的一种系统。地源热泵可替代制冷机和锅炉进行采暖和供热，是改善城市大气环境和节约能源的一种有效途径，也是地热能利用的一个新发展方向。

③地热温室种植。目前我国的地热农业温室分布很广，但是规模还比较小，其中包括花卉温室、菌菇培育温室、育秧温室。随着地热温室在结构设计、材料、技术及规模化等方面发展，地热资源的利用率正不断提高。

④地热水产养殖。水产养殖所需水温不高，一般的低温地热水就可以满足需求，甚至可将地热采暖、地热温室及地热工业利用过的热水再次综合梯级利用。生产性养殖一般采用地热塑料大棚，以鱼苗养殖为多。地热水产养殖在北京、天津、湖北、福建、广东等地起步早、发展快，目前全国已有20多个省的300多个地热地区开展了地热水产养殖。

⑤地热洗浴、医疗保健和旅游。地热水含有特殊的化学成分及有益于人体健康的多种微量元素，具有很高的医疗保健价值。利用地热水中的化学成分、矿物质和水温刺激人体，通过神经反射，能加快人体的血液循环和新陈代谢，然后再配合理疗、针灸、按摩、药物等手段，对于关节炎、类风湿、神经系统疾病等进行综合治疗，效果显著。云南的腾冲、黑龙江的五大连池、西藏的羊八井等地都有珍贵的地热景观，加上当地的民俗风情、人文景观、历史遗迹，成了旅游胜地。

4. 可燃冰

科学家发现海洋某些部位埋藏着大量可以燃烧的"冰"，学名为"天然气水合物"，简称可燃冰，其主要成分是甲烷与水分子。可燃冰的出现引起了人们的广泛关注。可燃冰是在一定条件下，由气体或挥发性液体与水相互作用过程中形成的白色固态结晶物质，外观就像冰，在海底深处接近0℃的低温条件下稳定存在，融化后变成甲烷气体和水。可燃冰极易燃烧，其燃烧产生的能量比同条件下的煤、石油、天然气都要多，而且燃烧以后几乎不产生任何残渣或废弃物。

（1）可燃冰的形成

可燃冰的形成有三个基本条件：一是温度不能太高，二是压力要足够大，三是地下要有气源。在动力学上，可燃冰的形成分为三步：第一步，具有临界半径晶核的形成；第二步，固态晶核的长大；第三步，组分向处于聚焦状态晶核的固液界面转移。可燃冰的形成严格受温度、压力、水、气组分相互关系的制约。一般来说，可燃冰形成的最佳温度范围 $0 \sim 10 ℃$，压力则应大于 $10.1 MPa$。在海洋中，因为水层的存在导致可燃冰形成的压力与温度都有相应增加（通常在水深 $500 \sim 4\,000 m$ 处，压力 $5 \sim 40 MPa$，相应温度 $15 \sim 25 ℃$）。

（2）可燃冰的分布

可燃冰在地球上广泛存在，在陆地和海洋分别有 27% 和 90% 的地区是可以形成可燃冰的潜在区域。海底可燃冰主要产生于新生代地层中，可燃冰矿层厚度达几十厘米至上百米，分布范围为数千至数万平方千米；可燃冰储集层为粉砂质泥岩、泥质粉砂岩、粉砂岩、砂岩及砂砾岩，储集层中的可燃冰含量可达 95%。可燃冰广泛分布于内陆海和边缘海的大陆架（限于高纬度海域）、大陆坡、岛坡、水下高原，尤其是那些与泥火山、盐（泥）底壁及大型构造断裂有关的海盆中。此外，大陆的大型湖泊，如贝加尔湖，由于水深且有气体来源，温压条件适合，同样可以生成可燃冰。

我国海域适宜可燃冰形成的地区主要包括南海西沙海槽、东沙群岛南坡、台西南盆地、笔架南盆地、南沙海域以及东海冲绳海槽南部。上述地区水层深（超过 $300 m$）、沉积层厚（新生代地层厚度范围 $3\,000 \sim 6\,000 m$）、沉积速率高，具有可燃冰存在的地球物理和化学标志。在陆地，我国在青藏高原永久冻土带已经发现蕴藏着可燃冰。目前调查数据表明，我国可燃冰主要分布在南海海域、东海海域、青藏高原及东北冻土带，其各地区的资源量为：南海海域约为 $6.50 \times 10^{13} m^3$，东海海域约为 $3.38 \times 10^{12} m^3$，青藏高原约为 $1.25 \times 10^{13} m^3$，东北冻土带约为 $2.80 \times 10^{12} m^3$。

（3）可燃冰的物理与化学性质

自然界中发现的可燃冰多数是呈白色、淡黄色、琥珀色、暗褐色的亚等轴状、层状、针状晶体或分散体。从得到的岩心样品来看，可燃冰能以多种方式存在：占据大的岩石粒间孔隙，以球粒状散布于细粒岩石中，以固体形式填充在裂缝中，大块固态水合物伴随少量沉积物。

　　迄今，已发现的可燃冰结构类型有三类：Ⅰ、Ⅱ及 H 型结构，如图 4-41 所示。Ⅰ型结构可燃冰为立方晶体结构，其在自然界中分布最广，其晶体内仅能容纳甲烷（CH_4）、乙烷（C_2H_6）及氮气、二氧化碳、硫化氢等非烃分子。Ⅱ型结构可燃冰为菱形晶体结构，其晶体内除包容甲烷、乙烷外，较大的"笼子"（水合物晶体中水分子间的空穴）还可以容纳丙烷、异丁烷等烃类。H 型结构可燃冰为六方晶体结构，其大"笼子"甚至可容纳直径超过异丁烷直径的分子以及其他与异丁烷分子直径相当的分子。H型结构可燃冰早期见于实验室中，1993 年才在墨西哥湾外发现，在格林大峡谷地区也发现了Ⅰ、Ⅱ及 H 型结构可燃冰共存的现象。

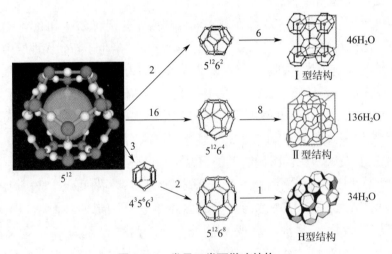

图 4-41　常见三类可燃冰结构

（4）可燃冰的开采

　　可燃冰在地层储存环境（低温与高压）下以固态存在，而在开采过程中由于减压或升温操作，会分解成水和天然气。可燃冰的开发必须控制固体向液体、气体的分解，控制采收过程中分解的气体和水再次形成可燃冰，这就是可燃冰开采的关键技术难点。

　　可燃冰的开发技术目前处于工业化试验阶段，唯一的工业开采案例是苏联麦索雅哈可燃冰气田。目前，大多数可燃冰的开采思路基本上都是首先考虑如何使蕴藏在沉积物中的可燃冰分解，然后再将天然气采到地面，通常来说就是改变可燃冰稳定存在的温度和压力造成其分解，这是目前开采可燃冰资源的主要方法。可燃冰开采方法主要有降压法、热采法、化学试剂法、水力压裂法、气体置换法、固体开采法等。

需要说明的是，可燃冰储层蕴藏有巨大的天然气资源，而且在可燃冰储层之下一般还存在常规天然气资源。因此，开发可燃冰不是采用单一方式的资源开发技术可以实现的，而是需要利用综合开发技术。俄罗斯、加拿大和日本的开采工作已经证实，可燃冰开采以降压法为主，配合热采法、化学试剂法联用技术是可行的。

4.3 建设综合能源系统

综合能源系统是指一定区域内的能源系统利用先进的技术和管理模式，整合区域内化石能源、新能源和电力等多种能源资源，实现多异质能源子系统之间的协调规划、优化运行、协同管理、交互响应和互补互济，在满足多元化用能需求的同时有效提升能源综合利用效率，进而促进能源可持续发展的新型一体化能源系统。多能互补、协调优化是综合能源系统的基本内涵。多能互补是指化石能源、新能源和电力等多种能源子系统之间互补协调，突出强调各类能源之间的平等性、可替代性和互补性。协调优化是指实现多种能源子系统在能源生产、运输、转化和综合利用等环节的相互协调，以实现满足多元需求、提高用能效率、降低能量损耗和减少污染排放等目的。构建综合能源系统，有助于打通多种能源子系统间的技术壁垒、体制壁垒和市场壁垒，促进多种能源互补互济和多系统协调优化，在保障能源安全的基础上促进能效提升和新能源消纳，大力推动能源生产和消费革命。

随着我国经济社会持续发展，能源生产和消费模式正在发生重大转变，能源产业肩负着提高能源效率、保障能源安全、促进新能源消纳和推动环境保护等新的时代使命。传统能源系统建设以单一子系统的纵向延伸为主，各能源子系统之间物理互联和信息交互较少。目前能源生产和消费模式正在发生重大转变，更要求改变传统能源系统建设路径和发展模式，构建综合能源系统。

综合能源系统是一种新型的能源供应、转换和利用系统，利用能量收集、转化和存储技术，通过系统内能源的集成和转换可以形成"多能源输入—能源转换和分配—多能源输出"的能源供应体系。太阳能、风能、氢能等新能源的快速发展对实现"双碳"目标和解决环境问题起到积极作用，但与此同时也产生新能源发电无法得到高效利用的问题，比如新能源发电的波动性使并网遇阻，新能源发电的特定区域性常造成供需失衡。也正因如此，要大力开发适用的储能技术，为综合能源系统建立提供关键技术保障。对于消纳清洁能源电力，建设区域性综合能源系统应该成为最佳路径。

4.3.1　储能技术

无论是在工业生产或日常生活中，能量的储存都是非常重要的。一般情况下，能量的供应和能量的需求常常是不平衡的，为了保证能量利用过程的持续性，就需要对各种形式的能量进行储存，也就是储能，又称为蓄能。

1. 储能与储能方式

储能的主要任务是克服能量供与需的时间上或空间上的差别，利用适当方法，借助一定的储能材料或装置直接把某种形式的能量储存起来，或者把某种形式的能量转换为另外一种形式的能量储存起来，在需要的时候再以特定形式的能量释放出来。

衡量储能材料和储能装置性能优劣的主要指标有：储能密度、储存过程的能量消耗、储能与取能的速率、经济性、寿命（重复使用的次数）以及对环境的影响。表 4-9 给出了一些储能材料和装置的通常储能密度。

表 4-9　一些储能材料和装置的通常储能密度

储能材料	储能密度 / （kJ/kg）	储能装置	储能密度 / （kJ/kg）
反应堆燃料（2.5% 浓缩 UO_2）	7.0×10^{10}	银氧化物 – 锌蓄电池	437
烟煤	2.78×10^7	铅 – 酸蓄电池	112
焦炭	2.63×10^7	飞轮（均匀受力的圆盘）	79
木材	1.38×10^7	压缩空气（球形）	71
甲烷	5.0×10^4	飞轮（圆柱形）	56
氢	1.2×10^5	飞轮（轮圈 – 轮辐）	7
液化石油	5.18×10^7	有机弹性体	20
一氢化锂	3.8×10^3	扭力弹簧	0.24

续表

储能材料	储能密度 /（kJ/kg）	储能装置	储能密度 /（kJ/kg）
苯	4.0×10^7	螺旋弹簧	0.16
水（落差 100 m）	9.8×10^3	电容器	0.016

　　储能方式主要分为热能储存和电能储存两大类，即储（蓄）热和储（蓄）电。储热分显热储能、潜热储能和热化学储能三种。基于电能是过程性能源，不能大量直接储存，通常通过化学能、机械能或电磁能的形式储存。以化学能的形式储存电能的技术主要有电化学储能和制氢储能，其中电化学储能主要包括各种电池技术，如锂离子电池、液流电池、钠硫电池、铅蓄电池、金属 – 空气电池等。以机械能的形式储存电能的技术主要包含抽水储能、压缩空气储能和飞轮储能。以电磁能的形式储存电能的技术主要有电感储能、超导储能和超级电容储能。储能方式与主要技术见表 4–10。

表 4–10 储能方式与主要技术

储能方式		主要技术
储热 / 蓄热（热能）	显热储能	利用储能介质（材料）
	潜热储能	相变储能
	热化学储能	利用化学反应介质
储电 / 蓄电（化学能、机械能、电磁能）	化学储能	电化学储能（各种电池）
		制氢储能
	机械储能（物理储能）	抽水蓄能
		压缩空气储能
		飞轮储能
	电磁储能	电感储能
		超导储能
		超级电容储能

2. 热能的储存

　　热能储存就是把某时期不需要或多余的热量以某种方式收集并储存起

来，等到需要时再提取使用。按储存的时间分成三种情况。

（1）随时储存

随时储存即以小时或更短的时间为周期，其目的是随时调整热能供需之间的不平衡，像热电站中的蒸汽蓄热器，依靠蒸汽凝结或水的蒸发随时储热和放热，使热能工序之间随时维持平衡。

（2）短期储存

短期储存即以天或周为储热的周期，其目的是维持 1 天或 1 周的热能供需平衡。如太阳能热水器只能在白天吸收阳光热辐射，收集到热量除了满足白天使用外，还将部分热能储存起来，供夜晚或阴雨天使用。

（3）长期储存

长期储存即以季节或年为储存周期，其目的是调节季节或年的热量供需关系。例如把夏季的太阳能或工业余热长期储存下来，供冬季采暖用；或者将冬季的冰雪储存起来，供夏季制冷使用。

3. 电能的储存

目前电力系统储能技术主要用于电力调峰、提高系统运行稳定性和提高供电质量等。电能储存技术可以提供一种简单的解决电能供需失衡问题的方法。生产和生活中最常见的电能储存形式就是蓄电池。蓄电池是先将电能转化成化学能，在用电时再将化学能转化为电能。此外，大功率电能的储存以及新能源发电的储能常用抽水蓄能。

（1）抽水蓄能电站工作原理

抽水蓄能电站由高低位两个储水库、抽水设备、水轮发电设备、输变电设备及相关辅助设备组成。储能时，利用电动抽水设备将低位储水库的水抽到高位储水库，将电能转换为机械能储存起来；当需要用电时，从高位储水库放水驱动水轮发电机组发电，泄水于低位储水库，将机械能转变为电能。

（2）抽水蓄能电站分类

按水流情况，抽水蓄能电站可以分为三类。

1）纯抽水蓄能电站。高位储水库无天然径流来源，抽水与发电的水量循环使用，仅需补充蒸发与泄漏损失水。电站规模根据高低位储水库的有效库容、水头电力系统的调峰需要和能够提供的抽水电量确定，水库一般为日或周调节。

2）混合式抽水蓄能电站。高位储水库有天然径流来源时，即可利用天然径流发电，又可利用低位储水库抽蓄的水量发电。高位储水库一般建在江河上，另建的低位储水库用于抽水蓄能发电，这种混合式抽水蓄能电站可以建在综合利用的水库电站或常规水电站中。混合式抽水蓄能电站的特点是常规和抽水蓄能机组互为补偿，运行灵活，有利于提高电站的使用率，也可作为电力系统的事故备用电源，承担调峰、调频、调相任务。

3）调水式抽水蓄能电站。从位于一条河流的低位储水库抽水至高位储水库，再由高位储水库向另一条河流的放水发电，这种蓄能电站可将水量从前一条河流调至后一条河流，它的特点是水泵站与发电站分别布置在两处，能实现抽水蓄能和调水流向双功能。

4.3.2　风电 – 光伏发电 – 制氢储能一体化技术

氢能已成为一种来源丰富、绿色低碳、应用广泛的二次能源，氢能也是重要储能方式。斯坦福大学学者研究利用可再生能源发电中超出电网消纳能力部分的电能来电解水制氢，并通过净能量分析法验证了可再生能源发电耦合氢储能方式在技术实现上具有可行性。风电 – 光伏发电 – 制氢储能一体化技术是指将风能、太阳能通过风力发电机组、光伏阵列发电机组等转换成电能，在经过电能变换电路中逆变器转换后接入电制氢设备制得氢气，实现将风能和太阳能两种新能源发电以氢能的形式储存起来。然而，像风能和太阳能这种新能源发电情况受环境因素影响大，其发电量取决于天气，并且可能会在很短的时间范围内随天气变化产生波动。因此，风电 – 光伏发电 – 制氢储能一体化系统，在设计之初就应考虑如何使系统兼顾高效率发电能力和制氢能力，要对系统结构与运行进行全面优化。

以风光互补联合发电制氢储能一体化系统为例，依据电能来源的不同，一般将系统分为两类：一类是离网型系统，即风力、光伏发电机组独立发电供给电解槽制氢，它具有低投资、灵活、便于管理等优点；另一类是并网型系统，风力、光伏发电机组产生的电经逆变器逆变后接入电网，利用电网侧或超出电网容纳能力的部分电力供给电解槽制氢。此种方式既减小了接入电网时由于风、光能源不稳定性对电网造成的冲击，又实现了过剩电力消纳以及氢能储存。风光互补联合发电制氢储能一体化系统如图 4-42 所示。整个系统由光伏发电系统、风力发电系统、电网、电解水制氢系统以及氢气储存系统组合而成。

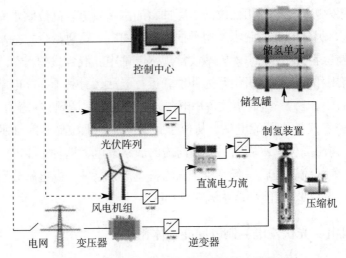

图 4-42   风光互补联合发电制氢储能一体化系统

我国为了构建清洁低碳、安全高效的能源体系，正在大力发展风电 – 光伏发电 – 制氢储能一体化新技术。2022 年 12 月 21 日，甘肃酒泉风光氢储及氢能综合利用一体化示范工程开工仪式举行，该工程由中国能建氢能公司投资建设，规划建设绿氢年产量 17 000 t、绿色合成氨年产量 39 000 t 项目以及配套工程，总投资 76.25 亿元，其中一期规划建设高压气态氢年产 7 000 t、液氢年产量 330 t、合成氨装机 20 000 t 项目并配套建设风电 85 MW、光伏 130 MW 项目，一期投资 23 亿元。项目建成后将成为甘肃省首个集气态和液态绿氢、绿色合成氨于一体的氢能综合利用项目，将有助于传统化工产业深度脱碳，完善当地氢能产业链布局，推动当地绿色产品认证体系构建。

4.4   能源供应领域的绿色低碳转型

能源是人类文明进步的重要物质基础和动力，攸关国计民生和国家安全。能源生产和消费相关活动是最主要的二氧化碳排放源。新一轮科技革命和产业变革深入发展，全球气候治理呈现新局面，新能源和信息技术紧密融合，生产生活方式加快转向低碳化、智能化，能源体系和发展模式正在进入非化石能源主导的崭新阶段。加快构建现代能源体系是保障国家能源安全，力争如期实现碳达峰、碳中和的内在要求，也是推动实现经济社会高质量发展的重要支撑。

现代能源体系是具有以形态多元、清洁低碳、智慧高效和经济安全为主要特征的新型能源体系。我国建设现代能源体系应该是能源领域中长期发展的核心目标，而能源供应领域的绿色低碳转型是现代能源体系建设的主要路径。

目前煤、油、气、电、核、新能源和可再生能源多轮驱动的能源生产体系已基本形成，能源输送能力显著提高，能源储备体系不断健全，经济社会发展和民生用能需求得到有效保障。绿色低碳转型已经不断深入煤炭、油气、电力、新能源等能源体系的供给侧。

4.4.1 煤炭行业的绿色低碳转型

1. 着力构建新型煤炭工业体系

按照"安全可控、多元协同、绿色低碳、集约高效、数字引领、开放合作"的原则，把确保能源安全和供应链、产业链稳定作为首要任务，积极探索煤炭"双碳"战略发展路径，推动形成绿色低碳的生产生活方式，推动煤炭等传统能源与新能源协同组合发展，提升能源供应链、产业链现代化水平，深度参与全球能源转型变革，将能源资源的饭碗牢牢端在自己手里。

2. 着力提升煤炭安全稳定供应能力

加强煤炭资源勘探开发，增加后备资源储量；有序释放先进产能，优化煤炭资源配置，规划建设一批大型煤炭基地、大型现代化煤矿、智能化煤矿，提高煤炭大型矿区产能接续和稳定供应能力。推进煤炭运输方式变革，提升重点煤炭供应保障基地跨区域调配能力。推进煤炭产供储销体系建设，探索建立煤矿弹性产能和弹性生产机制，有效平抑煤炭市场需求波动。严格煤矿系统管理，强化生产合理布局和重大灾害治理，有效防范化解煤矿系统性重大安全风险。

3. 着力开展煤炭清洁高效利用攻坚

加强煤炭清洁高效利用基础研究和关键技术攻关，建设煤炭清洁高效利用示范工程，构建煤炭绿色循环发展体系。提高煤炭作为原料的综合利用效能，开发高附加值、精细化、差异化产品，推动煤化工产业高端化、多元化、低碳化发展。加强低阶煤分级分质利用和散煤综合治理，建立低碳循环的现代煤化工产业体系，促进煤炭由传统能源向清洁能源战略转型。

4. 着力建设现代化煤炭产业体系

加快构建以煤炭产业为支撑，绿色低碳经济为核心，战略性新兴产业为引领，煤炭与新能源、现代生产性服务业、数字经济深度融合的现代化产业体系。扎实推动传统产业高端化、绿色化、智能化发展，大力培育发展战略性新兴产业，培育行业优质品牌，加大专业化整合力度，打造具有技术领先性和国际竞争力的新兴产业集群，加快建设以煤基产业链为核心的世界一流企业，打造煤炭经济增长新引擎。

5. 着力强化教育科技人才支撑

坚持教育优先发展，加快构建高质量教育培训体系，推动高等教育、职业教育与产业发展深度融合，厚植创新驱动根基。搭建行业科技创新平台载体，集聚力量进行基础性、原创性科技攻关，打造开放创新生态，让煤炭行业成为更多创新成果策源地。坚持人才引领驱动，实施更加积极、开放、有效的人才政策，完善引、育、用、留人才工作全链条机制，造就更多拔尖创新人才，培育壮大行业高质量发展的人才力量。

6. 着力健全完善高标准煤炭市场体系

健全完善煤炭中长期合同制度和煤炭市场价格形成机制，统筹考虑煤矿全生命周期成本和不同企业历史背景、资源条件、费用成本和经营能力的差异性，合理确定动力煤价格调控区间，加快构建高效规范、公平竞争、充分开放的煤炭全国统一大市场。规范和完善煤炭价格指数，引导和稳定市场预期。强化煤炭市场诚信体系建设，营造诚实守信的商业环境。

4.4.2　油气行业的绿色低碳转型

1. 增强油气供应能力

加大国内油气勘探开发，坚持常非并举、海陆并重，强化重点盆地和海域油气基础地质调查和勘探，夯实资源接续基础。加快推进储量动用，抓好已开发油田"控递减"和"提高采收率"，推动老油气田稳产，加大新区产能建设力度，保障持续稳产增产。积极扩大非常规资源勘探开发，加快页岩油、页岩气、煤层气开发力度。石油产量稳中有升，2022年回升到 2×10^8 t 水平并能较长时期稳产。天然气产量快速增长，力争 2025 年达到 2.3×10^{11} m^3 以上。

2. 加强安全战略技术储备

做好煤制油气战略基地规划布局和管控，在统筹考虑环境承载能力等前提下，稳妥推进已列入规划项目有序实施，建立产能和技术储备，研究推进内蒙古鄂尔多斯、陕西榆林、山西晋北、新疆准东、新疆哈密等煤制油气战略基地建设。按照不与粮争地、不与人争粮的原则，提升燃料乙醇综合效益，大力发展纤维素燃料乙醇、生物柴油、生物航空煤油等非粮生物燃料。

3. 加快推进海洋管道保护工作，完善海洋管道保护政策措施

海洋石油天然气管道是开发海洋石油、天然气不可缺少的关键工程之一，但由于80%的海洋管道位于用海活动频繁海域，遭遇第三方破坏的风险日趋增大。海洋管道保护关系公共安全，急需国家立法加以保障。

4. 加快氢气的产业化应用

在满足安全等前提下，支持清洁燃料接入油气管网，探索输气管道掺氢输送等高效输氢方式。鼓励传统加油站、加气站建设油气电氢一体化综合交通能源服务站。

4.4.3 电力行业的绿色低碳转型

电力行业的绿色低碳转型聚焦在建设新型电力系统，主要发展方向如下。

1. 推动电力系统向适应大规模高比例新能源方向演进

统筹高比例新能源发展和电力安全稳定运行，加快电力系统数字化升级和新型电力系统建设迭代发展，全面推动新型电力技术应用和运行模式创新，深化电力体制改革。以电网为基础平台，增强电力系统资源优化配置能力，提升电网智能化水平，推动电网主动适应大规模集中式新能源和量大面广的分布式能源发展。加大力度规划建设以大型风光电基地为基础、以其周边清洁高效先进节能的煤电为支撑、以稳定安全可靠的特高压输变电线路为载体的新能源供给消纳体系。建设智能高效的调度运行体系，探索电力、热力、天然气等多种能源联合调度机制，促进协调运行。以用户为中心，加强供需双向互动，积极推动"源－网－荷－储"一体化发展。

2. 创新电网结构形态和运行模式

加快配电网改造升级，推动智能配电网、主动配电网建设，提高配电网接纳新能源和多元化负荷的承载力和灵活性，促进新能源优先就地就近开发利用。积极发展以消纳新能源为主的智能微电网，实现与大电网兼容

互补。完善区域电网主网架结构，推动电网之间柔性可控互联，构建规模合理、分层分区、安全可靠的电力系统，提升电网适应新能源的动态稳定水平。科学推进新能源电力跨省跨区输送，稳步推广柔性直流输电，优化输电曲线和价格机制，加强送受端电网协同调峰运行，提高全网消纳新能源能力。

3. 增强电源协调优化运行能力

提高风电和光伏发电功率预测水平，完善并网标准体系，建设系统友好型新能源场站。全面实施煤电机组灵活性改造，优先提升 30 万千瓦级煤电机组深度调峰能力，推进企业燃煤自备电厂参与系统调峰。因地制宜建设天然气调峰电站和发展储热型太阳能热发电，推动气电、太阳能热发电与风电、光伏发电融合发展、联合运行。加快推进抽水蓄能电站建设，实施全国新一轮抽水蓄能中长期发展规划，推动已纳入规划、条件成熟的大型抽水蓄能电站开工建设。优化电源侧多能互补调度运行方式，充分挖掘电源调峰潜力。力争到 2025 年，煤电机组灵活性改造规模累计超过 2×10^8 kW，抽水蓄能装机容量达到 6.2×10^7 kW 以上，在建装机容量达到 6×10^7 kW 左右。

4. 加快新型储能技术规模化应用

大力推进电源侧储能发展，合理配置储能规模，改善新能源场站出力特性，支持分布式新能源合理配置储能系统。优化布局电网侧储能，发挥储能消纳新能源、削峰填谷、增强电网稳定性和应急供电等多重作用。积极支持用户侧储能多元化发展，提高用户供电可靠性，鼓励电动汽车、不间断电源等用户侧储能参与系统调峰调频。拓宽储能应用场景，推动电化学储能、梯级电站储能、压缩空气储能、飞轮储能等技术多元化应用，探索储能聚合利用、共享利用等新模式和新业态。

5. 大力提升电力负荷弹性

加强电力需求侧响应能力建设，整合分散需求响应资源，引导用户优化储用电模式，高比例释放居民、一般工商业用电负荷的弹性。引导大工业负荷参与辅助服务市场，鼓励电解铝、铁合金、多晶硅等电价敏感型高载能负荷改善生产工艺和流程，发挥可中断负荷、可控负荷等功能。开展工业可调节负荷、楼宇空调负荷、大数据中心负荷、用户侧储能、新能源汽车与电网（V2G）能量互动等各类资源聚合的虚拟电厂示范。力争到 2025 年，电力需求侧响应能力达到最大负荷的 3%～5%，其中华东、华中、南方等地区达到最大负荷的 5% 左右。

4.4.4 大力发展可再生能源和新能源

毋庸置疑，现代能源体系是实现碳达峰碳中和的基础性工程。一方面，以煤炭、石油、天然气等为代表的传统化石能源产业绿色低碳化转型责任重大；另一方面，在坚持传统化石能源短期内支柱性地位的同时，还需搭建风电、光伏发电、核电、水电、氢能等多种能源互补、产消协同、有序替代的新能源生产体系。

近年来，在推进产业向中高端迈进时，光伏发电、风电与高端装备、生物医药、新能源汽车等新兴产业均得到了快速发展。截至 2022 年年底，我国风电、光伏发电等清洁能源装机均居世界首位。且随着风电、光伏发电装机规模不断扩大，其在能源结构中发挥的综合作用越来越明显。2021年，天然气、水电、核电、新能源发电等清洁能源消费比重提升至 25.5%，比 2012 年提高了约 11 个百分点，能源消费结构加快向清洁低碳转变。截至 2021 年年底，我国新能源汽车保有量达 784 万辆，呈持续高速增长趋势。

在政策层面，国家有关新能源领域的相关政策密集出台。仅在 2022年间，多部门协同发布了一系列的文件，在多次强调强化煤炭兜底作用的同时，也在积极深入推进能源革命，大力发展可再生能源和新能源。从《"十四五"可再生能源发展规划》《"十四五"能源领域科技创新规划》，到《"十四五"现代能源体系规划》《推动能源绿色低碳转型做好碳达峰工作的实施方案》，再到《关于完善能源绿色低碳转型体制机制和政策措施的意见》等，均明确落实任务举措。其中，《"十四五"现代能源体系规划》已经明确提出可再生能源和新能源主要发展方向。

1. 加快发展风电、太阳能发电

全面推进风电和太阳能发电大规模开发和高质量发展，优先就地就近开发利用，加快负荷中心及周边地区分散式风电和分布式光伏建设，推广应用低风速风电技术。在风能和太阳能资源禀赋较好、建设条件优越、具备持续整装开发条件、符合区域生态环境保护等要求的地区，有序推进风电和光伏发电集中式开发，加快推进以沙漠、戈壁、荒漠地区为重点的大型风电光伏基地项目建设，积极推进黄河上游、新疆、冀北等多能互补清洁能源基地建设。积极推动工业园区、经济开发区等屋顶光伏开发利用，

推广光伏发电与建筑一体化应用。开展风电、光伏发电制氢示范。鼓励建设海上风电基地，推进海上风电向深水远岸区域布局。积极发展太阳能热发电。

2. 因地制宜开发水电

坚持生态优先、统筹考虑、适度开发、确保底线，积极推进水电基地建设，推动金沙江上游、雅砻江中游、黄河上游等河段水电项目开工建设。实施雅鲁藏布江下游水电开发等重大工程。实施小水电清理整改，推进绿色改造和现代化提升。推动西南地区水电与风电、太阳能发电协同互补。到 2025 年，常规水电装机容量达到 $3.8 \times 10^8 \, kW$ 左右。

3. 积极安全有序发展核电

在确保安全的前提下，积极有序推动沿海核电项目建设，保持平稳建设节奏，合理布局新增沿海核电项目。开展核能综合利用示范，积极推动高温气冷堆、快堆、模块化小型堆、海上浮动堆等先进堆型示范工程，推动核能在清洁供暖、工业供热、海水淡化等领域的综合利用。切实做好核电厂址资源保护。到 2025 年，核电运行装机容量达到 $7 \times 10^7 \, kW$ 左右。

4. 因地制宜发展其他可再生能源

推进生物质能多元化利用，稳步发展城镇生活垃圾焚烧发电，有序发展农林生物质发电和沼气发电，因地制宜发展生物质能清洁供暖，在粮食主产区和畜禽养殖集中区统筹规划建设生物天然气工程，促进先进生物液体燃料产业化发展。积极推进地热能供热制冷，在具备高温地热资源条件的地区有序开展地热能发电示范。因地制宜开发利用海洋能，推动海洋能发电在近海岛屿供电、深远海开发、海上能源补给等领域应用。

第五章 "双碳"目标下
能源消费端的转型

能源作为一个国家强盛的动力与安全的基石，是国家繁荣和经济可持续发展的基础和支撑。随着我国经济高速发展，人们对生活质量的追求不断提高，能源消费日益增长。2020 年我国全面建成小康社会，我国能源消费发展也迈向新的历史时期。随着我国经济发展逐渐步入高质量平稳发展阶段，产业结构的优化调整对能源的需求、环保要求和"双碳"目标，助推了我国能源消费端向更清洁、更低碳、更高效、更集约、更多元化的方向发展。随着产业结构的优化转型、大力发展清洁能源及节能减排战略有效实施，我国能源消费结构中煤炭、石油、天然气及非化石能源利用分布比例已悄然改变。从表 5-1 "十三五"能源消费变化情况可以看出，五年间，碳排放最多、污染最大的煤消费占比减少 7 个百分点，石油、天然气及非化石能源消费占比分别增加 0.5 个百分点、2.6 个百分点及 3.9 个百分点，可见天然气和非化石能源消费增加明显。近年来，我国能源消费端的有益变化，主要工业行业绿色低碳转型发展功不可没。

表 5-1 "十三五"能源消费变化情况

项目	2015 年	2020 年	5 年变化情况
能源消费总量 / 亿吨标准煤	43.4	49.8	增长 14.7%
能源消费结构中煤炭占比 /%	63.8	56.8	减少 7 个百分点
能源消费结构中石油占比 /%	18.4	18.9	增加 0.5 个百分点
能源消费结构中天然气占比 /%	5.8	8.4	增加 2.6 个百分点
能源消费结构中非化石能源占比 /%	12.0	15.9	增加 3.9 个百分点

5.1 交通运输领域的绿色低碳转型

交通运输领域作为能源消耗和温室气体排放的主要领域之一，其碳排放已经超过全国终端碳排放总量的10%。2035年前交通需求仍将保持中高速增长，面对我国2030年碳达峰的目标，交通运输行业面临更大挑战。既要保障行业快速持续发展，又要实现碳减排，确实矛盾重重。可见，如何实现交通运输绿色低碳转型是亟待解决的重要现实问题。交通运输领域低碳转型发展不仅需要交通行业自身的政策措施支持，还涉及交通全生命周期的产业链条，包括交通运输载运工具的能源消耗强度、能源类型等，能否实现大幅减碳一定程度上取决于电力、氢能源等新能源的应用情况。众多学者经过研究，建议走分重点、分阶段领域的交通运输低碳转型发展路径，重点突破公路运输低碳转型，短期聚焦于传统化石能源交通运输载运工具的技术及安排，中长期推广以电力（包括电池）为代表的新能源交通运输载运工具应用，进而实现大规模碳减排。

5.1.1 交通运输领域碳排放现状

我国交通运输领域包括铁路、公路、水路和民航。交通运输领域碳排放的核算范围如图5-1所示。

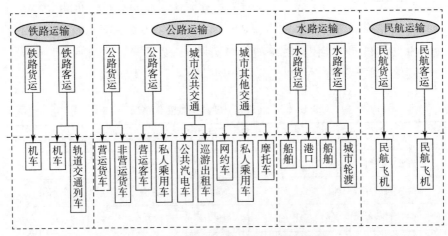

图5-1 交通运输领域碳排放核算范围

自2005年以来，交通运输领域碳排放量快速增长，在全国碳排放总量中的占比不断上升。随着经济社会的快速发展,全国货运量和货物周转量大幅增长,2005 年至 2021 年,交通运输领域碳排放总量由约 3.7×10^8 t/ 年增至约 1.08×10^9 t/ 年,增长 1.9 倍,交通运输领域碳排放占比也从约 6.4% 攀升到约 10.7%。2005—2021 年交通运输领域碳排放情况如图 5-2 所示。

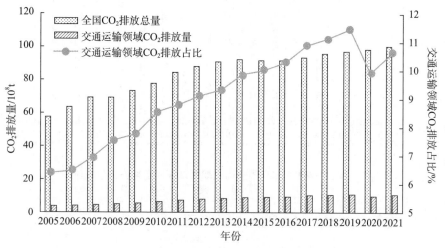

图 5-2　2005—2021 年交通运输领域碳排放情况

图 5-3 为 2005—2021 年全国交通运输领域不同运输方式碳排放情况。由图可见,铁路运输的碳排放量 2013 年之前逐年递增,而 2013 年起逐年下降,原因在于铁路电气化率的提升。公路运输的碳排放量则持续增长,其 2021 年在全国交通运输碳排放总量中的占比约为 87%。国家经济的增长伴随着大宗货物需求显著增长,而现阶段大宗货物运输主要以公路运输为主(2019 年交通运输部道路货运专项调查结果显示,矿建材料及水泥、煤炭及其制品、金属矿石的公路货运量达 2.006×10^{10} t,约为铁路货运总量的 4.6 倍),2005—2021 年公路货物周转量年均增长 7.6% 左右;同时,我国私人乘用车保有量从 2005 年的 0.17 亿辆增长到 2021 年 2.37 亿辆,增长了约 13 倍。公路运输能源消耗 95% 以上为化石能源,导致公路运输碳排放量快速上升。水路运输碳排放较公路运输碳排放小得多,其总量呈缓慢增长趋势。航空运输碳排放量总量不大,但其在全国交通运输碳排放总量中的占比逐年增大。

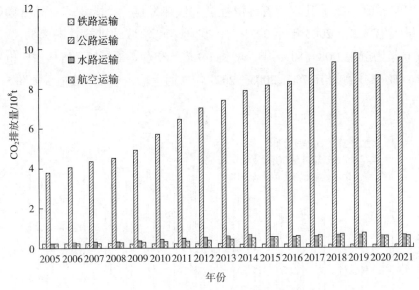

图 5-3   2005—2021 年全国交通运输领域不同运输方式碳排放情况

5.1.2   交通运输领域绿色低碳转型的路径

1. 提升交通运输能源利用效率

基于化石能源在交通运输工具能源使用中还将长期占据主导地位，提升交通运输能源利用效率是 2035 年前重要的碳减排措施。建议将节能贯穿于交通运输发展的全过程和各方面，提高燃油车船能效和碳排放准入标准，制（修）订适应碳达峰碳中和要求的营运车辆能耗限值准入标准，健全营运车辆能效标识，制定新造船舶能效设计指数要求并研究纳入技术法规，引导行业选择和使用高能效车船；加快老旧运输工具更新改造，提升交通运输装备能源利用水平；积极推进智能交通示范应用；健全能源管理体系，推动交通运输企业能效提升，建立低碳交通"领跑者"认证机制。

2. 加快调整和优化运输结构

提高铁路、水路运输方式在综合运输中的承运比重。完善干线铁路集疏运体系，加快港口集疏运铁路和大型工矿企业、物流园区铁路专用线建设。加快发展以铁路、水路为骨干的多式联运，大力推进铁水联运，持续推进大宗货物和中长途货物运输"公转铁""公转水"。大力发展高铁快递。优化客货运组织。推进城乡交通运输一体化发展，构建完善、合理、便捷的城乡公共交通体系。推动城市绿色货运配送示范工程创建，鼓励共同配送、集中配送、夜间配送等运输组织模式发展，有效整合物流资源，提高利用效率。推广智能交通，推动互联网、人工智能等新兴技术与交通运输业态融合发展。

3. 加速开发与应用新能源低碳技术及装备

考虑到推广新能源装备是未来的主要方向，应率先加强交通电气化替代。推进铁路电气化改造，深入推进机场运行电动化；推进船舶靠港使用岸电，不断提高岸电使用率；推进高速公路服务区快充网络建设，鼓励开展换电模式应用；推动城市公交、出租、城市配送、作业机械电气化替代。与此同时，逐步积极发展新能源和清洁能源运输工具。有序开展纯电动、氢燃料电池、可再生合成燃料车辆、船舶的试点；推动新能源车辆的应用；探索甲醇、氢、氨等新型动力船舶的应用，推动液化天然气动力船舶的应用；积极推广可持续航空燃料的应用。

4. 推进国家公交都市建设与加强引导绿色出行

全面推进国家公交都市建设，优先发展公共交通，完善城市公共交通服务网络，指导各地加快城市轨道交通、公交专用道、快速公交系统等大容量城市公共交通系统发展，提高公共交通供给能力，鼓励运输企业积极拓展多样化公共交通服务，改善公众出行体验，大力提升公共交通服务品质；推动自行车、步行等城市慢行系统发展，加快转变城市交通发展方式，综合施策，加大城市交通拥堵治理力度。加强引导绿色出行，积极开展绿色出行创建行动，提升绿色出行装备水平，大力培育绿色出行文化，完善绿色出行服务体系；引导公众优先选择公共交通、自行车和步行等绿色出行方式，整体提升各城市的绿色出行水平。

5. 推进交通运输的绿色低碳基础设施建设

交通运输的绿色低碳基础设施建设要坚持全生命周期绿色发展理念，以生态系统良性循环为基本原则，以最大限度节约资源、提高能效、控制排放、保护环境为目标，以低消耗、低排放、低污染、高效能、高效率、高效益为特征，综合运用各种措施能最大限度地为人们提供安全、健康、舒适和高效的出行服务，实现交通基础设施建设经济效益、社会效益和环境效益的有机统一。

加快建设综合立体交通网，完善铁路、公路、水运、民航、邮政快递等基础设施网络，坚持生态优先，促进资源节约集约循环利用，将绿色理念贯穿于交通运输基础设施规划、建设、运营和维护全过程，构建以铁路为主干，以公路为基础，水运、民航比较优势充分发挥的国家综合立体交通网，切实提升综合交通运输整体效率。建设绿色低碳交通基础设施，将"绿色低碳、节能减排、人文环保"的建设理念贯穿于工程建设全过程，积极打造绿色公路、绿色铁路、绿色航道、绿色港口、绿色空港等；推进交通基础设施网与能源网融合发展，强化交通与能源基础设施共建共享。

6. 提升交通运输技术创新能力

推动交通运输领域应用新能源、清洁能源、可再生合成燃料等低碳前沿技术攻关，鼓励支持科研机构、高等学校和企事业单位开展低碳技术和装备研发，培育行业相关领域重点实验室，加强交通运输领域节能低碳技术宣传、交流、培训以及创新成果转化应用。大力发展智慧交通，加快新技术、新产业、新业态、新模式研发和推广应用，例如推广 ETC（电子不停车收费）技术；发展智慧交通，即推动大数据、互联网、人工智能、区块链、超级计算等新技术与交通行业深度融合，构建泛在先进的交通信息基础设施；完善交通科技创新机制，即建立以企业为主体、产学研用深度融合的低碳交通技术创新机制，鼓励交通企业设立新型研发组织，建立关键核心技术攻关机制，加快技术成果转化应用。

7. 保障各类促进绿色低碳发展的政策促进与实施落地

健全政策规范，推动完善交通运输领域低碳发展相关政策，为交通运输绿色低碳转型提供制度保障。加强交通运输行业节能降碳新技术、新工艺、新装备的标准制定，充分发挥标准体系对行业碳达峰碳中和工作的支撑作用。基层单位要深化交通运输绿色低碳财税支持政策研究，积极争取各级财政资金支持，鼓励社会资本进入绿色低碳交通领域，拓宽融资渠道。保障好政策实施落地，层层压实责任。各类基层单位各尽其责，加强协调配合，分工负责共同发力，坚决扛起碳达峰碳中和工作责任。要健全能源管理体系，强化重点用能单位节能管理和目标责任。各省级交通运输主管部门、各地区铁路监督管理局、民航各地区管理局、各省（自治区、直辖市）邮政管理局要做好本领域重点任务落实工作。

5.2 工业领域的绿色低碳转型

绿色低碳转型发展就是以效率、和谐、可持续为目标，用更少的、更清洁的能源消费支撑经济社会可持续发展的一种新的发展模式。这是全球未来经济社会发展的大势所趋。

根据国际能源署报告，2020年，全球碳排放的主要来源中，能源发电与供热占比最高，为43%；交通运输业碳排放占比居第二位，为26%；制造业与建筑业碳排放占比为17%；其他行业合计总占比为14%。从2020年相关数据看，我国碳排放占比最高的是电力领域，约占51%；第二是工业领域，约占28%，主要是钢铁、建材、石化等高碳排放行业；第三就是交通运输领域，约占9.9%；第四是城市建筑领域，约占5%；第五是居民日常消费领域，约占5%；其他相关领域合计占比约为1.1%。我国碳排放主要来源构成情况进一步说明，我国实现"双碳"目标在能源消费端最大的难点是工业领域，其减碳任务十分艰巨。

5.2.1　钢铁行业的绿色低碳转型

1.钢铁行业的碳排放现状

我国已连续26年保持世界钢产量第一，钢铁业也是我国最具全球竞争力的产业之一。我国钢铁行业是基础原材料产业，产量基数大，能源消费密集，是我国制造业中的碳排放大户。钢铁材料是工业领域中覆盖面极广的材料，是国家发展的重要基础保障，广泛应用于基础建设、机械制造、轨道交通、汽车、能源、船舶、航空航天、家电等各个领域。全球钢铁行业碳排放量占全球能源系统排放量的8%左右，我国钢铁工业由于国内废钢积存量较少，工艺流程以高炉－转炉长流程为主，能源结构以煤炭等化石能源为主，其碳排放量占全国碳排放总量的15%左右，在全国所有工业行业中处于首位。根据工业和信息化部公布的2020年钢铁行业运行情况数据，2020年全国生铁、粗钢和钢材产量分别为8.88×10^8 t、1.053×10^9 t和1.325×10^9 t，仅粗钢就占全球粗钢产量的近60%。这也说明，在全球和我国，钢铁行业都是低碳转型发展的关键领域。

目前我国钢铁行业碳减排困难重重，主要存在以下方面的问题和挑战。

（1）我国钢铁生产总量显著增长使钢铁行业碳排放量持续走高，钢铁行业集中度偏低造成碳排放控制难以落实

过去20多年来，在全行业的共同努力下，随着钢铁行业淘汰落后产能以及低碳工艺技术持续优化，企业节能环保水平持续提升，超低排放的指标严格程度超过欧盟，属于国际领先水平。2020年在实施超低排放改造的进程中，重点统计钢铁企业吨钢综合能耗为545.27 kg标准煤/t，同比下

降 1.18%，比 2000 年下降 30% 以上。从图 5-4 中可以看出，2000—2020 年我国钢铁行业碳排放量呈逐年上升趋势，而吨钢碳排放量呈逐年递减趋势，2020 年吨钢碳排放量降至 1.765 t，较 2000 年下降 42%。碳排放与能源消耗密切相关，吨钢能耗的下降表明我国钢铁企业吨钢碳排放也在同比下降，但粗钢产量的快速增长，导致碳排放总量仍然在持续升高。钢铁产量屡创新高直接导致行业碳排放量同步增长。

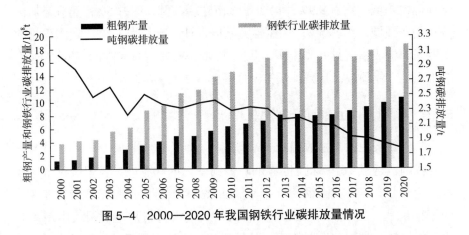

图 5-4　2000—2020 年我国钢铁行业碳排放量情况

　　通过兼并重组提高行业集中度、降低成本和增强市场竞争力是钢铁产业结构调整和优化的主要方式和驱动力，国际钢铁市场几乎都已演进为"寡占型"市场结构。我国作为全球最大钢铁生产国，钢铁行业集中度却长期低于 40%，远低于韩国（95.6%）、日本（86.5%）和美国（51.9%）。大量分散的中、小型钢铁企业无法形成集聚经济效应和资源合理配置，导致市场同质化和混乱竞争、原材料采购议价能力弱、低水平产能过大以及低碳技术和生产工艺难以创新应用，更使钢铁行业碳排放控制举步维艰。

　　（2）生产工艺落后致化石能源主导碳排放，废钢比过低限碳排放减量

　　钢铁生产的碳排放比例与钢企生产工艺流程密切相关。目前，以铁矿石为原料、焦炭和煤炭为燃料的传统"高炉炼铁 – 转炉炼钢"长流程冶炼工艺仍占绝对主导地位，在此流程中化石能源消耗占钢铁企业一次能源 90% 以上，吨钢碳排放量约为 2.1 t，远高于以电弧炉为主的短流程炼钢工艺 0.9 t 的吨钢碳排放量。此外，废钢应用率低限制了碳排放减量。一方面，我国转炉加入废钢比例过低，仅为 20%，与全球 35%～45% 的平均废钢比差距较大，难以降低冶炼过程碳排放量。另一方面，以废钢为生产

原料的短流程电炉炼钢占比过低。与铁矿石相比，用废钢生产 1 t 钢可减少 1.6 t 二氧化碳和 3 t 固体废物排放，能够显著降低碳排放量。但因废钢积蓄量低且电价水平相对较高，电炉短流程炼钢工艺结构占比约为 10.4%，远低于欧盟 41% 和美国 70% 的应用比例。

（3）钢铁行业低碳标准体系不健全，低碳关键核心技术支撑能力不足

我国钢铁行业现有低碳标准体系及低碳技术储备难以支撑行业的低碳排放控制要求。一方面，仍未建立和完善适合钢铁行业特点的低碳标准体系。如碳排放管理、钢材碳足迹等碳减排标准严重缺失，钢铁行业脱碳行动缺乏指导规范和制度支撑，加之部分钢铁企业甚至对现有标准执行不到位，仍存在采用不成熟治理技术、建设劣质工程等问题，不利于钢铁行业低碳转型发展。另一方面，钢铁行业突破性低碳技术储备及创新动力仍显不足。我国钢铁行业近零排放技术研发起步晚且创新能力弱，如氢能冶金、生物质冶金、熔融还原、碳捕获与存储等关键技术仍处于设计研发探索阶段，受技术制约、成本较高等因素影响尚未实现工业化和规模化应用。此外，各类钢铁企业低碳技术水平差距较大。大型钢铁企业基本掌握低碳技术并已完成超低排放改造，但中、小型钢铁企业普遍存在生产技术简单、自主创新能力弱等问题，加之关键性的近零排放技术研发具有资金投入大、周期长、风险高等特点，也制约了小规模钢铁企业的研发积极性。

（4）钢铁行业碳减排成本高昂，碳减排资金缺口巨大

首先是减碳目标下钢企生产成本将急剧上升。在碳排放强度硬约束下，钢铁企业在购买碳排放配额、超低排放改造、低碳技术研发及环保设备升级等方面需要投入巨额资金。以宝钢启动的碳捕集利用与封存项目为例，安装一套年捕集量在 5×10^5 t 二氧化碳的碳捕集与封存设施需要耗资 5 200 万美元，再综合捕集、运输和封存等运行成本，每吨二氧化碳总减排成本为 65 美元。此外，未来随着欧盟征收碳边境调节税，传统贸易壁垒叠加低碳壁垒势必增加我国出口钢铁产品额外成本。碳排放高的长流程企业基本无力负担高昂碳减排成本压力，规模小、资金实力弱的钢厂或将出清。其次是钢铁行业绿色低碳转型存在巨大资金缺口。据《中国长期低碳发展战略与转型路径研究》估算，我国钢铁行业为实现碳中和将滋生约 20 万亿元巨额投资，年均需投资 5 000 亿元。但我国钢铁企业长期微利，自有资金难以支撑低碳转型升级，且绿色金融体系尚未成熟，难以承担弥补钢铁行业巨额碳减排资金缺口的重任。

2. 钢铁行业绿色低碳转型的路径

低碳转型作为对传统钢铁业颠覆性变革，从成本和效率的角度，需要大量的应用场景提供支撑。我国的钢铁产能已经超过全球的50%，庞大的生产能力可以为全球钢铁低碳工艺和技术创新提供足够的市场需求和应用场景，为绿色技术创新效益最大化提供保障。我国经济已经进入了高质量发展的新阶段，钢铁业低碳转型符合我国经济新发展阶段的要求，拥有良好的政策环境。

绿色低碳发展已成为我国钢铁工业转型发展的核心命题和实现高质量发展的必由之路。对于钢铁行业"双碳"目标的实现，要有理性、客观、清醒的认识。我国钢铁工业实现碳中和是一项系统工程，需要根据不同阶段国民经济及钢铁工业自身发展客观需要，综合技术发展状况，科学统筹谋划，分阶段、分步骤，合理有序推进系统能效提升、资源循环利用、流程优化创新、冶炼工艺突破、产品迭代升级、捕集封存利用六条低碳技术路线的研发与应用，做到技术发展有的放矢、阶段目标明确可行，这应该是一个与时俱进、动态调整的过程。我国钢铁行业走向碳达峰、碳中和，根本的解决途径在于低碳技术进步，核心是技术创新、技术突破和技术推广。

推动钢铁行业的绿色低碳转型发展有以下几个方面的主要路径。

（1）建立全面法律框架支持碳减排，健全钢铁业碳减排配套引导政策

确定温室气体减排途径，设定钢铁企业碳排放量上限，完善碳排放管理评估和标准体系，明确钢铁行业减碳战略和行动计划，引导高耗能、高污染钢铁企业退出等，既需要健全法律、法规及规章制度全面支持碳减排，也需要顶层设计与指导。

1）国家层面应加快推进制定和实施钢铁行业脱碳转型行动方案和路线图。各级地方政府尤其是钢铁生产重点区域政府部门应尽快制定符合本地实际的钢铁行业低碳规划，制定考评和量化问责制度。2019年，生态环境部等五部委联合发布《关于推进实施钢铁行业超低排放的意见》，对钢铁行业有组织排放、无组织排放、清洁运输、监测监控等方面提出了具体的改造要求。2022年8月，中国钢铁行业向社会发布《钢铁行业碳中和愿景和低碳技术路线图》，明确了我国钢铁"双碳"目标和技术实现路径。

2）加快低碳标准体系制定和完善。统筹推进钢铁行业碳排放限额、核算、监测、评估及管理服务等标准化工作，制定低碳分级评价标准以

及钢铁产品碳足迹评价、低碳产品认证标准，探索建立全国性的碳核算体系。

3）持续完善钢铁业低碳发展财税支持政策。对钢铁企业使用可再生资源、研发低碳技术、节能减排及环保设备升级等方面给予一定财政补贴和税收优惠，提高钢铁企业主动减排动力。

4）科学制定钢铁行业总量限制政策。一方面削减钢铁消费总量，通过提高高强度钢材应用、延长建筑使用寿命和优化建筑设计等方式减少用钢总量。另一方面以宏观调控持续推动钢铁企业压缩粗钢产量，加强对新增钢铁产能控制力度，调整钢铁进出口政策，减少为满足其他国家需求而产生的低效产能，严禁新设非规模化钢厂并分阶段强制退出小散型炼铁高炉，淘汰落后产能。

（2）调整钢铁业能源及流程结构，优化产业布局，提升钢铁行业绿色低碳转型成效

"双碳"目标下，钢铁行业不仅面临零排放挑战，其下游客户也有采购绿色低碳钢材以减少价值链上碳足迹的强烈诉求，因此应在严控产能的基础上，尽快推进钢铁行业的新能源开发和应用、优化绿色工艺流程以及企业兼并重组，改变当前行业高碳化格局。具体可以实施以下措施。

1）实现多能互补优化能源结构。发展节能环保、可再生能源等新兴产业，实现太阳能、氢能、风能等新能源在钢铁业的替代应用。同时，为了有效提升节能与降低碳排放效果，可以实施能耗与碳排放监管信息化和智能化。

2）鼓励钢铁企业与多产业合作提升能源转化效率。加强二次能源回收利用也是钢铁行业降低碳排放路径之一，如与化工行业合作开展冶金煤气的资源化利用、与建材产业合作利用冶金渣生产建筑材料、与农业合作利用冶金渣生产土壤改良剂等。

3）优化钢铁生产工艺流程。一方面提高转炉废钢比。在充分考虑高比例废钢熔化需要消耗额外能量问题基础上，通过对废钢资源量、成本和效率等多方面精准测算优化转炉废钢比。另一方面提升电炉短流程结构占比。随着钢铁储量增加和进入报废期，废钢资源将逐步积聚，以电炉短流程炼钢为核心的工艺结构创新势在必行。积极促进有条件的钢铁企业尽快发展短流程炼钢，并努力带动废钢资源回收利用。

4）优化钢铁产品结构以打造绿色产品供应链。围绕下游行业降低碳

足迹诉求，引导钢铁企业基于全生命周期理念生产绿色低碳、高附加值特钢和型钢等产品，构建低碳循环钢铁供应链和价值链，推动产业协同降碳，并使钢铁材料具有更高强度、更高寿命、更高效能，减少钢铁材料用户需求量。

5）推进钢铁企业兼并重组优化产业布局。实施科学、专业化的产业布局，逐步淘汰高耗能、低效益的中小钢铁企业，积极推动龙头企业合并组建超大型钢铁集团，探索区域内钢铁企业整合、跨区域或跨产业链的兼并重组路径。当前鞍钢集团与本钢集团的重组已正式启动，重组后鞍钢粗钢产能将达到 6.3×10^7 t，成为国内第二、世界第三大钢铁企业。

（3）政府与企业合力促进协同研发机制，创新低碳工艺技术实现高效降碳

为保持竞争优势和低碳发展，世界主要钢铁企业在组建自己研发团队的同时，积极与政府部门、科研院所及供应链上下游或同业企业合作，共同出资提高先进工艺技术研发效率。例如，安赛乐米塔尔钢铁集团投资3亿欧元研发"智能碳使用项目"和清洁能源基础设施、氢气直接还原等碳中和技术；欧盟成立欧洲钢铁技术研发平台，提供10亿欧元开发超低排放项目（ULCOS）等前沿技术；美国推动天然气、核能及可再生能源应用于钢铁生产，并建成首座100%风能供电的炼钢厂以降低碳排放量；德国钢铁工业陆续研发并应用动态"软降碳"工艺、二次冷凝动态可控技术、3D在线凝固可控技术、高强度和超高强度钢材冶炼及加工技术等多项具有国际先进水平的钢铁生产及加工工艺；日本以合金钢为代表的中端产品和以不锈钢、工具钢、模具钢和高速钢为代表的高端产品占比已近80%，通过产品结构调整实现高效降碳，年减排二氧化碳可达 3.4×10^7 t。

在我国，首先是鼓励龙头企业牵头筹建低碳冶金技术创新联盟。凝聚冶金同行、上下游企业、研究机构等钢铁生态圈，搭建绿色冶金技术研发合作平台，并从国家层面加大科研资金投入支持低碳技术研发；其次是突破关键性低碳技术，重点围绕以高炉富氢（或纯氢）冶炼和气基竖炉富氢（或纯氢）冶炼为主的技术路线，鼓励利用现有高炉开展氧气高炉低碳冶金工业化研究试验，发展氢气直接还原和熔融还原非高炉炼铁技术，并持续探索低成本路径；再次是加快推动成熟节能与低碳技术商业化、规模化应用，提高烧结余热发电、燃气蒸汽循环发电、炉顶余压发电等低碳技术在钢铁企业推广比例，发挥非高炉炼铁与电炉短流程炼钢的协同减碳效

应；最后是加强与国外钢铁企业低碳、零碳炼钢技术的交流合作，寻求革命性技术突破。

（4）数字化转型应该成为钢铁行业绿色低碳转型的重要抓手

当绿色低碳发展成为企业的新战略，如何协调与企业的整体发展战略考验着钢铁企业的定力与智慧，需要统筹节能与降低碳排放及整体经济协调发展、行业转型升级以及绿色低碳技术应用等多方面关系。企业实现从源头、过程到整体的全价值链节能减排，需要新一代数字技术支撑，数字技术应该成为企业实现碳达峰、碳中和的重要手段。通过数字化手段，助力钢铁企业节能和效率提升，进而构建绿色低碳新产业、新业态。而落实"双碳"战略，需要数字化转型与绿色低碳转型深度融合，绿色成为企业数字化转型的底色，数字化转型则是绿色低碳转型的重要抓手。

（5）推进碳税与碳交易协调配合，形成有效碳定价约束和激励机制

碳定价机制将增加钢铁企业边际成本，通过经济手段倒逼钢铁行业转型升级。

1）建立健全适合钢铁行业的碳排放配额分配机制和交易机制，为钢铁行业参与碳市场提供指导和约束。

2）引导钢铁企业通过参与碳交易实现正循环。继电力和建筑行业后，钢铁行业成为第三个被纳入全国碳市场的重点行业。相关部门应积极引导钢铁企业，探索研究碳排放配额交易相关管理制度和方法。通过碳配额交易，低碳排放钢铁企业能获得经济效益，而高碳排放钢铁企业则将为超额碳排放付费。

3）推动碳排放权交易市场的金融化探索。丰富碳排放权交易体系内的金融产品，积极吸引绿色资金参与碳排放权交易，不断提升我国碳排放权交易市场的价格发现能力。

4）探索碳税+碳交易并行但不重复的运行机制。在选择最优碳税收入分配价格方案、减少碳税负面影响基础上尽快开征碳税，并制定碳税减免优惠政策以深化钢铁行业低碳理念，同时做好碳税和碳市场的相互协调配合，逐步形成碳市场和碳税"并行但不重复"的运行机制。从欧盟碳市场的运行情况看，经济低迷时可能导致碳市场价格触底从而使企业丧失减排的动力。可借鉴英国碳定价模式将碳税作为碳价底线，当市场碳价过低时才向企业征缴碳税。

（6）实现绿色金融建设再突破，开拓钢铁行业零碳转型金融路径

钢铁企业在购买碳排放配额、超低排放改造、低碳技术研发及环保设备升级等方面需要投入巨额资金才能实现碳减排目标。推进绿色金融建设才能为钢铁行业绿色低碳转型发展保驾护航。金融方面需要完成以下工作。

1）央行应积极发挥在绿色金融市场建设方面的引导作用

①明确钢铁行业绿色低碳标准。借鉴欧盟可持续发展金融分类方案中"无重大损害原则"，不断建设和完善与国际接轨的绿色金融标准体系，删除以往被纳入现行《绿色信贷统计标准》《绿色产业指导目录》中不符合"无重大损害原则"的高碳项目。

②尽快建立环境气候风险分析方法和框架，为金融机构研判与钢铁产业相关的资产质量和金融风险提供有效指导。同时，对钢铁行业碳减排持续推出支持工具，提供低成本资金。

2）金融机构应针对钢铁行业减碳加大金融工具创新力度，探索推出与碳足迹以及钢铁企业绿色转型挂钩的金融产品，如在负债端，发行钢铁行业碳减排主题债券、碳项目收益债券等；在资产端，探索碳资产质押贷款、碳收益支持票据等；在中间业务端，为钢铁企业绿色项目提供碳基金、碳保险等金融服务，满足钢铁企业低碳转型的多元融资需求。

3）政府部门应加大对"双碳"公共资金支持力度，设立钢铁行业绿色低碳转型的专项资金，积极引导和动员更多资金支持钢铁企业的绿色低碳技术研发及推广应用。

5.2.2　建材行业的绿色低碳转型

对于建材行业而言，2020—2030 年仍是重要战略机遇期，行业将进入高质量发展新阶段，要在保障高质量有效供给的基础上，按要求有序实现"双碳"目标。总体来看，随着发展方式转变、需求结构升级，面向建筑业的水泥等传统建材产品的需求量将进入平台调整期，呈现稳中有降的态势；面向节能环保、电子电器等新兴产业的矿物功能材料、高性能纤维及复合材料等产品的需求量仍将保持持续快速增长。推动建材行业碳达峰，必须处理好与不同行业间关系，实事求是、分类施策，实现行业健康发展。

建材行业既要深刻认识到加快构建新发展格局、进一步发挥国内超大

规模市场优势带来的新机遇和新要求，也要体察到规模数量型需求扩张动力趋于减弱、绿色和安全发展任务更加紧迫的新矛盾和新挑战，要充分利用"双碳"战略对建材行业产业革新带来的机遇，在发展中促进绿色低碳转型，在绿色低碳转型中扎实推动建材行业高质量发展。

1. 建材行业的现状与发展

自党的十八大以来，我国建材行业转型升级成效显著，综合实力和竞争力稳步提升，绿色发展取得新的进展，重点行业、骨干企业的单位能耗、污染物排放强度均已达到世界先进水平。主要成效主要体现在：

（1）产业结构优化升级

水泥、平板玻璃新增产能得到有效控制，多措并举引导落后产能有序退出；无机非金属、复合材料等建材新材料规模不断扩大。

（2）节能与碳排放控制水平提升

支持企业技术改造，推广新技术、新工艺、新装备，加快实施重点行业清洁生产改造，行业节能减排水平大幅提升。按照我国能耗限额标准，水泥熟料单位产品综合能耗≤117 kg 标准煤 /t、平板玻璃单位产品综合能耗（按照生产能力区分）为≤12 kg 标准煤 / 重量箱（产能为 500～800 t/d）和≤13.5 kg 标准煤 / 重量箱（产能大于 800 t/d），总体处于世界先进水平。

（3）循环经济加快推进

建材行业发挥协同处置优势，不断提高资源综合利用水平，推动资源循环利用发展。以水泥行业为例，目前，全国依托新型干法水泥窑技改建成协同处置生活垃圾、城市污泥、产业废弃物的水泥熟料生产线有近 300 条，有效推动了行业绿色化转型，为我国生态文明建设做出积极贡献。

（4）绿色建材提速发展

在建筑门窗、卫生洁具、防水材料等领域涌现一批绿色建材产品，提升绿色建材高质量供给能力；认证绿色建材 58 个大类产品，形成较为完善的产品体系；培育 8 个绿色建材国家新型工业化产业示范基地，绿色建材已具备了良好的发展基础。

总体而言，我国建材行业产品种类齐全，产业链完善，窑炉煅烧等生产技术成熟，单位能耗、污染物排放达到国际先进水平，但由于产业规模大、过程排放高、能源结构偏煤、行业间差异较大等原因，建材行业确实存在碳排放总量大、发展良莠不齐等情况，碳达峰工作任务比较艰巨，迫切需要统一全行业思想，紧密围绕党中央、国务院关于碳达峰、碳中和决策部署，加快推进全行业有序开展碳达峰、碳减排工作。

2. 建材行业绿色低碳转型重要方向和路径

建材产品包括建筑材料及制品、非金属矿物制品、无机非金属新材料三大门类，广泛应用于建筑、军工、环保、高新技术产业等领域。目前，我国已经是世界上最大的建筑材料生产国和消费国，主要建材产品水泥、平板玻璃、建筑卫生陶瓷、石材和墙体材料等产量多年居世界第一位。

建材是国民经济和社会发展的重要基础产业，也是工业领域能源消耗和碳排放的重点行业。为加快推进建材行业的绿色低碳转型，切实做好建材行业碳达峰工作，2022 年 11 月，工业和信息化部、国家发展改革委、生态环境部、住房城乡建设部四部门联合印发《建材行业碳达峰实施方案》（简称《实施方案》），为我国建材行业的绿色低碳转型指明了重要方向和路径。

（1）总量控制是建材行业碳达峰的基础

水泥行业因其工艺特点，碳排放约占建材行业排放总量的70%，是建材行业碳排放重点领域。近年来，国家对水泥、平板玻璃等重点行业加大供给侧结构性改革力度，其产能得到有效控制。考虑水泥、平板玻璃等产品需求量已进入了平台调整期，随着"双碳"工作的持续推进，仍需严格控制重点行业产能总量。下一步，在强化总量控制方面，《实施方案》提出要重点推动以下工作：一是发挥政策、标准、市场的综合作用，引导低效产能退出；二是严格落实水泥、平板玻璃行业产能置换政策，确保总产能维持在合理区间，同时加强对石灰、建筑卫生陶瓷、墙体材料等的行业管理；三是完善水泥错峰生产，充分调动企业依法依规执行错峰生产的积极性。

（2）原料替代是建材行业碳达峰的关键

建材行业中水泥、石灰等主要产品在生产制备过程中需要大量的碳酸盐矿物作为原料，碳酸盐分解过程中会形成二氧化碳，从而造成大量碳排放。据统计，生产过程中二氧化碳排放量占建材行业二氧化碳排放总量的50%以上。建材行业的碳排放控制工作急需通过替代原料的方式提升资源综合利用水平。近年来，建材行业充分发挥窑炉优势，推动水泥窑协同处置生活垃圾、磷石膏等大宗固体废弃物资源化利用，每年消纳 6×10^8 t 以上工业废渣，同时，处置垃圾、污泥、危废等超千万吨。下一步，在推动原料替代方面，《实施方案》提出要重点推动以下工作：一是强化产业间耦合，在保障水泥产品质量的前提下，提高含钙资源替代石灰石比重，加快低碳水泥新品种的推广应用；二是加快提升建材产品固体废弃物利用水平，支持在重点城镇建设一批能效水平较好的水泥窑、墙体材料隧道窑无害化协同处置固废项目；三是推动建材产品减量化精准使用，加快发展新型低碳胶凝材料。

（3）用能优化是建材行业碳达峰的保障

建材行业多采用窑炉生产工艺，目前仍以化石能源为主，化石燃料燃烧过程不可避免产生碳排放，据统计，燃烧过程中二氧化碳排放量占全行业二氧化碳排放总量的30%以上。减少煤的使用，充分挖掘清洁能源的"煅烧价值"，将助推建材行业显著降低碳排放量。近年来，建材行业积极探索光伏发电等新能源应用，部分骨干企业充分利用余热发电、光伏发电和风力发电等多种新能源，力争打造"零外购电"试点企业。下一步，在转换用能结构方面，《实施方案》提出要重点推动以下工作：一是加大替代燃料利用比例，提高水泥等行业燃煤替代率；二是加快清洁绿色能源应用，有序提高天然气和电的使用比例，引导建材企业积极消纳可再生能源；三是引导企业加强能源精细化管理，提高建材行业能源利用效率水平。

（4）技术创新是建材行业碳达峰的动力

兼顾经济社会可持续发展与碳达峰目标如期实现，需要全社会、全行业、全产业链加快技术进步，突破关键技术，推广适用技术，实现系统变革，推进动力变革。近年来，建材行业涌现出大批绿色低碳技术，如水泥行业低阻旋风预热器、高效烧成、高效篦冷机、高效节能粉磨等节能技术装备，玻璃行业浮法玻璃一窑多线等技术，陶瓷行业干法制粉等技术，提升了行业绿色发展水平。下一步，在加快技术创新方面，《实施方案》提出要重点推动以下工作：一是加快研发重大关键低碳技术，增强节能降耗技术支撑；二是加快推广节能与低碳技术装备，提升建材企业节能降耗水平；三是加快推进建材行业数字化转型，利用新一代信息技术促进行业节能和降低碳排放。

（5）绿色制造是建材行业碳达峰的重要倡导方向

建材行业要结合破碎、均化、配料、成型、煅烧等生产过程工艺特点，着力于过程低碳化、产业循环化、产品绿色化等重点方向，促进行业全生命周期绿色低碳化转型。近年来，建材行业围绕"对标找差距、技改上水平"，明确标准路径，加快重点行业绿色低碳技改行动，促进绿色建材生产和应用。特别是近期，工业和信息化部、住房城乡建设部、农业农村部、商务部、市场监管总局、国家乡村振兴局等六部门开展了绿色建材下乡活动，促进了绿色建材生产和消费。下一步，在推进绿色制造方面，《实施方案》提出要重点推动以下工作：一是强化建材企业全生命周期绿色管理，构建高效清洁生产体系；二是构建绿色建材产品体系，推进标准体系建设、产品认证等相关工作；三是培育绿色建材骨干企业、产业集群，开展绿色建材下乡等活动，促进绿色建材与绿色建筑协同发展，加快绿色建材生产和应用。

5.2.3 化工行业的绿色低碳转型

化工行业也是温室气体排放的大户，化工行业的碳排放存在着"排放总量有限但强度突出"的特点。从二氧化碳排放强度上看，化工行业每万元增加值二氧化碳排放量 1.29 t，大于全国工业的平均水平。因此，在"双碳"目标的执行过程中，化工行业也面临着降低碳排放的巨大压力和挑战。挑战亦是机遇，化工行业在碳达峰、碳中和的进程中仍大有可为：首先，该行业可通过能效提升、制造工艺创新、采用可再生能源等方式来促进节能与降低二氧化碳排放；其次，化工行业还可以将先进的化学技术转变为节能减排产品和工艺，从而为低碳经济、环境和社会发展做出重要贡献。

1. 化工行业的现状与发展

目前，我国化工行业产值高居世界第一，且短期内或仍将处于扩增产能的高速发展阶段，但化工行业大而不强，国内化工企业总体上以规模较小、技术水平低、产品档次低为主要特征，多数中小规模企业只注重产品销售而不注重技术开发和产品升级，对技术开发投入不足或较少，同时缺乏高素质的科研创新人才，导致行业整体研发和创新能力仍然较弱，很多科研成果难以实现生产应用。例如我国的炼油化工公司还需要消减过剩大宗产品产能，提高化工产品的精细化率。一方面，2019 年我国炼油能力为 8.7×10^8 t，原油加工量为 6.5×10^8 t，74% 的开工率明显低于 83% 的世界平均水平，这表明产能过剩现象较为严重；另一方面，高端化工新材料和精细化工品又需要大量进口，其中高密度聚乙烯、工程塑料、电子化学品、高性能纤维、高端膜材料的对外依存度居高不下。我国化学工业的精细化工率只有 40%～50%，而化工强国都在 60%～70%，所以加快推进产业结构高端化进程,促进产业结构在产业链高端上延伸,培育战略性新兴产业集群,是全行业实现高质量发展面临的紧迫任务。

2. 化工行业绿色低碳转型主要目标和重点任务

石化化工行业是国民经济支柱产业,经济总量大、产业链条长、产品种类多、关联覆盖广,关乎产业链与供应链安全稳定、绿色低碳发展、民生福祉改善。"十三五"以来,我国石化化工行业转型与升级的成效显著,经济运行质量和效益稳步提升,石化化工大国地位进一步巩固,但行业创新能力不足、结构性矛盾突出、产业布局不尽合理、绿色安全发展水平不高等问题依然存在。

"十四五"是推动行业高质量发展的关键时期,行业结构调整、转型升级将进一步加快。一是服务构建新发展格局,石化化工行业产品供给日益丰富、产量增速逐渐分化;二是产业发展模式正在从以规模扩张为主的产能建设转向以"精耕细作"为主的精细化、专用化、系列化细分市场拓展渗透,服务型制造日渐被市场主体接受;三是责任关怀意识日益增强,产业发展的绿色底色日益浓郁,安全环保已成为业界坚守的从业生存底线和发展基本要求;四是资源能源环境和碳排放约束日益趋紧,基于二氧化碳开发含碳化学品备受关注,以绿色循环低碳为基本特征的化工园区正逐步成为行业结构调整、转型升级、腾挪发展的主要载体。为加快推进化工行业的绿色低碳转型,切实做好化工行业碳达峰工作,2022年4月,工业和信息化部、国家发展改革委、科技部、生态环境部、应急管理部、国家能源局联合印发《关于"十四五"推动石化化工行业高质量发展的指导意见》(简称《指导意见》),为我国化工行业的绿色低碳转型明确了主要目标和重点任务。

(1)化工行业的绿色低碳转型主要目标

《指导意见》提出了"十四五"期间高质量发展的主要目标:到2025年,石化化工行业基本形成自主创新能力强、结构布局合理、绿色安全低碳的高质量发展格局,高端产品保障能力大幅提高,核心竞争能力明显增强,高水平自立自强迈出坚实步伐。集中体现在以下五个方面。

1)加快创新发展。到2025年,规模以上企业研发投入占主营业务收入比重达1.5%以上;突破20项以上关键共性技术和40项以上关键新产品。

2)调整产业结构。大宗化工产品生产集中度进一步提高,产能利用率达到 80% 以上；乙烯当量保障水平大幅提升，化工新材料保障水平达75% 以上。

3）优化产业布局。城镇人口密集区危险化学品生产企业搬迁改造任务全面完成，形成 70 个左右具有竞争优势的化工园区；到 2025 年，化工园区产值占行业总产值 70% 以上。

4）推动数字化转型。石化、煤化工等重点领域企业主要生产装置自控率 95% 以上，建成 30 个左右智能制造示范工厂、50 家左右智慧化工示范园区。

5）坚守绿色安全。大宗产品单位产品能耗和碳排放明显下降，挥发性有机物排放总量比"十三五"降低 10% 以上，本质安全水平显著提高，有效遏制重特大生产安全事故。

（2）化工行业的绿色低碳转型方向与重点任务

《指导意见》围绕主要目标，聚焦创新发展、产业结构、产业布局、数字化转型、绿色低碳、安全发展等六个方向，凝练出六大重点任务。

1）提升创新发展水平

①完善创新机制，强化企业创新主体地位，构建重点实验室、重点领域创新中心、共性技术研发机构"三位一体"创新体系。

②攻克核心技术，加快重要装备及零部件制造技术攻关，开发推广先进感知技术以及过程控制软件、全流程智能控制系统、故障诊断与预测性维护等控制技术，增强创新发展动力。

③实施"三品"行动，增加材料品种规格，加快发展高端化工新材料产品，积极布局前沿化工新材料，提高绿色化工产品占比，鼓励企业培育创建品牌。

2）推动产业结构调整

①强化分类施策，科学调控石油化工、煤化工等传统化工行业产业规模，有序推进炼化项目"降油增化"，促进煤化工产业高端化、多元化、低碳化发展。

②动态更新石化化工行业鼓励推广应用的技术和产品目录，加快先进适用技术改造提升，优化烯烃、芳烃原料结构，加快煤制化学品、煤制油气向高附加值产品延伸，提高技术水平和竞争力。

3）优化调整产业布局

①统筹项目布局，推进新建石化化工项目向资源环境优势基地集中，

推动现代煤化工产业示范区转型升级。持续推进城镇人口密集区危险化学品生产企业搬迁改造。

②引导化工项目进区入园,推动化工园区规范发展。新建危险化学品生产项目必须进入一般或较低安全风险的化工园区(与其他行业生产装置配套建设的项目除外),引导其他石化化工项目在化工园区发展。

4)推进产业数字化转型

①加快新技术、新模式与石化化工行业融合,不断增强化工过程数据获取能力,强化全过程一体化管控,推进数字孪生创新应用,打造3～5家面向行业的特色专业型工业互联网平台及化肥、轮胎等基于工业互联网的产业链监测系统。

②发布石化化工行业智能制造标准体系建设指南,推进数字化车间、智能工厂、智慧园区等示范标杆引领,强化工业互联网赋能。

5)加快绿色低碳发展

①发挥碳固定碳消纳优势,有序推动石化化工行业重点领域节能降碳,推进炼化、煤化工与"绿电""绿氢"等产业耦合以及二氧化碳规模化捕集、封存、驱油和制化学品等示范。

②发展清洁生产,构建全生命周期绿色制造体系。积极发展生物化工,基于非粮生物质制造大宗化学品,强化生物基大宗化学品与现有化工产业链衔接,实现对传统化石基产品的部分替代。

③促进行业间耦合发展,提高资源循环利用效率。有序发展和科学推广生物可降解塑料,推动废塑料、废弃橡胶等废旧化工材料循环利用。

6)夯实安全发展基础

①提升技术和管理水平,压实安全生产主体责任,推进实施责任关怀。鼓励企业采用先进适用技术改造提升,推进高危工艺安全化改造和替代,提升本质安全水平。

②增强炼化行业轻质低碳原料、化肥行业磷钾矿产资源保障,稳妥推进磷化工"以渣定产",确保化肥稳定供应,保护性开采萤石资源,鼓励开发利用伴生氟资源,维护产业链供应链安全稳定。

5.2.4 其他行业的绿色低碳转型

目前,我国是全球第一工业大国,但不是工业强国。为加快推进工业绿色低碳转型,切实做好工业领域碳达峰工作,2022年7月,工业和信息化部、国家发展改革委及生态环境部联合发布《工业领域碳达峰实施方案》（简称《工业方案》），为我国工业领域实现碳达峰划定了"时间表"和"路线图"。

工业领域的绿色低碳转型目标完全可以由《工业方案》总目标体现，即"十四五"期间，产业结构与用能结构优化取得积极进展，能源资源利用效率大幅提升，建成一批绿色工厂和绿色工业园区，研发、示范、推广一批减排效果显著的低碳零碳负碳技术工艺装备产品，筑牢工业领域碳达峰基础。到 2025 年，规模以上工业单位增加值能耗较 2020 年下降 13.5%，单位工业增加值二氧化碳排放下降幅度大于全社会下降幅度，重点行业二氧化碳排放强度明显下降。"十五五"期间，产业结构布局进一步优化，工业能耗强度、二氧化碳排放强度持续下降，努力达峰削峰，在实现工业领域碳达峰的基础上强化碳中和能力，基本建立以高效、绿色、循环、低碳为重要特征的现代工业体系。确保工业领域二氧化碳排放在 2030 年前达峰。

《工业方案》明确的五项重点任务正好也符合其他工业领域的绿色低碳转型重要方向和路径。

1. 深度调整产业结构

推动产业结构优化升级，坚决遏制高耗能高排放低水平项目盲目发展，大力发展绿色低碳产业。具体包括四个方向。

（1）构建有利于碳减排的产业布局，围绕新一代信息技术、生物技术、新能源、新材料、高端装备、新能源汽车、绿色环保以及航空航天、海洋装备等战略性新兴产业，打造低碳转型效果明显的先进制造业集群。

（2）坚决遏制高耗能高排放低水平项目盲目发展。

（3）优化重点行业产能规模，加快化解过剩产能，持续依法依规淘汰落后产能。

（4）推动产业低碳协同示范，建设一批"产业协同""以化固碳"示范项目。

2. 深入推进节能降碳

把节能提效作为满足能源消费增长的最优先来源，大幅提升重点行业能源利用效率和重点产品能效水平，推进用能低碳化、智慧化、系统化。具体包括六个方向。

（1）调整优化用能结构。

（2）推动工业用能电气化。

（3）加快工业绿色微电网建设

增强源网荷储协调互动，引导企业、园区加快分布式光伏、分散式风电、多元储能、高效热泵、余热余压利用、智慧能源管控等一体化系统开发运行，推进多能高效互补利用，促进就近大规模高比例消纳可再生能源。加强能源系统优化和梯级利用，因地制宜推广园区集中供热、能源供应中枢等新业态。加快新型储能规模化应用。

（4）加快实施节能降碳改造升级

落实能源消费强度和总量双控制度，实施工业节能改造工程。鼓励企业对标能耗限额标准先进值或国际先进水平，加快节能技术创新与推广应用。推动制造业主要产品工艺升级与节能技术改造，不断提升工业产品能效水平。

（5）提升重点用能设备能效

实施变压器、电机等能效提升计划，推动工业窑炉、锅炉、压缩机、风机、泵等重点用能设备系统节能改造升级。重点推广稀土永磁无铁芯电机、特大功率高压变频变压器、三角形立体卷铁芯结构变压器、可控热管式节能热处理炉、变频无级变速风机、磁悬浮离心风机等新型节能设备。

（6）强化节能监督管理

持续开展国家工业专项节能监察，制订节能监察工作计划，聚焦重点企业、重点用能设备，加强节能法律法规、强制性节能标准执行情况监督检查，依法依规查处违法用能行为，跟踪督促、整改落实。健全省、市、县三级节能监察体系，开展跨区域交叉执法、跨级联动执法。全面实施节能诊断和能源审计，鼓励企业采用合同能源管理、能源托管等模式实施改造。发挥重点领域中央企业、国有企业引领作用，带头开展节能自愿承诺。

3. 积极推行绿色制造

完善绿色制造体系，深入推进清洁生产，打造绿色低碳工厂、绿色低碳工业园区、绿色低碳供应链，通过典型示范带动生产模式绿色转型。具体包括五个方向。

（1）建设绿色低碳工厂

培育绿色工厂，开展绿色制造技术创新及集成应用。实施绿色工厂动态化管理，强化对第三方评价机构监督管理，完善绿色制造公共服务平台。鼓励绿色工厂编制绿色低碳年度发展报告。引导绿色工厂进一步提标改造，对标国际先进水平，建设一批"超级能效"和"零碳"工厂。

（2）构建绿色低碳供应链

支持汽车、机械、电子、纺织、通信等行业龙头企业，在供应链整合、创新低碳管理等关键领域发挥引领作用，将绿色低碳理念贯穿于产品设计、原料采购、生产、运输、储存、使用、回收处理的全过程，加快推进构建统一的绿色产品认证与标识体系，推动供应链全链条绿色低碳发展。鼓励"一链一策"制定低碳发展方案，发布核心供应商碳减排成效报告。鼓励有条件的工业企业加快铁路专用线和管道基础设施建设，推动优化大宗货物运输方式和厂内物流运输结构。

（3）打造绿色低碳工业园区

通过"横向耦合、纵向延伸"，构建园区内绿色低碳产业链条，促进园区内企业采用能源资源综合利用生产模式，推进工业余压余热、废水废气废液资源化利用，实施园区"绿电倍增"工程。到2025年，通过已创建的绿色工业园区实践形成一批可复制、可推广的碳达峰优秀典型经验和案例。

（4）促进中小企业绿色低碳发展

优化中小企业资源配置和生产模式，探索开展绿色低碳发展评价，引导中小企业提升碳减排能力。实施中小企业绿色发展促进工程，开展中小企业节能诊断服务，在低碳产品开发、低碳技术创新等领域培育专精特新"小巨人"。创新低碳服务模式，面向中小企业打造普惠集成的低碳环保服务平台，助推企业增强绿色制造能力。

（5）全面提升清洁生产水平

深入开展清洁生产审核和评价认证，推动如印染、造纸、化学原料药、电镀、农副食品加工、工业涂装、包装印刷等行业企业实施节能、节水、节材、减污、降碳等系统性清洁生产改造。清洁生产审核和评价认证结果作为差异化政策制定和实施的重要依据。

4. 大力发展循环经济

优化资源配置结构，充分发挥节约资源和降碳的协同作用，通过资源高效循环利用降低工业领域碳排放。具体包括四个方向。

（1）推动低碳原料替代

比如鼓励依法依规进口再生原料。

（2）加强再生资源循环利用

实施废纸、废塑料、废旧轮胎等再生资源回收利用行业规范管理，鼓励符合规范条件的企业公布碳足迹。延伸再生资源精深加工产业链条，促进钢铁、铜、铝、铅、锌、镍、钴、锂、钨等高效再生循环利用。研究退役光伏组件、废弃风电叶片等资源化利用的技术路线和实施路径。围绕电器电子、汽车等产品，推行生产者责任延伸制度。推动新能源汽车动力电池回收利用体系建设。

（3）推进机电产品再制造

围绕航空发动机、盾构机、工业机器人、服务器等高值关键件再制造，打造再制造创新载体。加快增材制造、柔性成型、特种材料、无损检测等关键再制造技术创新与产业化应用。培育50家再制造解决方案供应商，实施智能升级改造。加强再制造产品认定，建立自愿认证和自我声明结合的产品合格评定制度。

（4）强化工业固废综合利用

落实资源综合利用税收优惠政策，鼓励地方开展资源利用评价。支持尾矿、粉煤灰、煤矸石等工业固废规模化高值化利用，加快全固废胶凝材料、全固废绿色混凝土等技术研发推广。深入推动工业资源综合利用基地建设，探索形成基于区域产业特色和固废特点的工业固废综合利用产业发展路径。到2025年，大宗工业固废综合利用率达到57%，2030年进一步提升至62%。

5. 加快工业绿色低碳技术变革

推进重大低碳技术、工艺、装备创新突破和改造应用，以技术工艺革新、生产流程再造促进工业减碳去碳。具体包括三个方向。

（1）推动绿色低碳技术重大突破

部署工业低碳前沿技术研究，实施低碳零碳工业流程再造工程。布局"减碳去碳"基础零部件、基础工艺、关键基础材料、低碳颠覆性技术研究，突破推广一批高效储能、能源电子、氢能、碳捕集利用封存、温和条件二氧化碳资源化利用等关键核心技术。推动构建以企业为主体、产学研协作、上下游协同的低碳零碳负碳技术创新体系。

（2）加大绿色低碳技术推广力度

发布工业重大低碳技术目录，组织制定技术推广方案和供需对接指南，促进先进适用的工业绿色低碳新技术、新工艺、新设备、新材料推广应用。推进生产制造工艺革新和设备改造，减少工业过程温室气体排放。鼓励各地区、各行业探索绿色低碳技术推广新机制。

（3）开展重点行业升级改造示范

围绕机械、轻工、纺织等行业，实施生产工艺深度脱碳、工业流程再造、电气化改造、二氧化碳回收循环利用等技术示范工程。鼓励中央企业、大型企业集团发挥引领作用，加大在绿色低碳技术创新应用上的投资力度，形成一批可复制可推广的技术经验和行业方案。以企业技术改造投资指南为依托，聚焦绿色低碳编制升级改造导向计划。

5.2.5　主动推进工业领域数字化转型

推动数字赋能工业绿色低碳转型，强化企业需求和信息服务供给对接，加快数字化低碳解决方案应用推广。

1. 推动新一代信息技术与制造业深度融合

利用大数据、第五代移动通信（5G）、工业互联网、云计算、人工智能、数字孪生等对工艺流程和设备进行绿色低碳升级改造。深入实施智能制造，持续推动工艺革新、装备升级、管理优化和生产过程智能化。在汽车、机械、电子、船舶、轨道交通、航空航天等行业打造数字化协同的绿色供应链。在家电、纺织、食品等行业发挥信息技术在个性化定制、柔性生产、产品溯源等方面优势，推行全生命周期管理。推进绿色低碳技术软件化封装。开展新一代信息技术与制造业融合发展试点示范。

2. 建立数字化碳管理体系

加强信息技术在能源消费与碳排放等领域的开发部署。推动重点用能设备上云上平台，形成感知、监测、预警、应急等能力，提升碳排放的数字化管理、网络化协同、智能化管控水平。促进企业构建碳排放数据计量、监测、分析体系。打造重点行业碳达峰碳中和公共服务平台，建立产品全生命周期碳排放基础数据库。加强对重点产品产能产量监测预警，提高产业链供应链安全保障能力。

3. 推进"工业互联网＋绿色低碳"

鼓励电信企业、信息服务企业和工业企业加强合作，利用工业互联网、大数据等技术，统筹共享低碳信息基础数据和工业大数据资源，为生产流程再造、跨行业耦合、跨区域协同、跨领域配给等提供数据支撑。聚焦能源管理、节能降碳等典型场景，培育推广标准化的"工业互联网＋绿色低碳"解决方案和工业 App(智能移动终端应用软件),助力行业和区域绿色化转型。

5.3 城乡建设的绿色低碳转型

城乡建设是推动绿色发展、建设美丽中国的重要载体。党的十八大以来,我国人居环境持续改善,住房水平显著提高,城乡建设绿色发展取得积极成效。2020 年,我国常住人口城镇化率达 63.89%,城市数量已经达到了 687 个。据统计,截至 2020 年年底,全国累计绿色建筑面积达到 $6.645 \times 10^9 \text{ m}^2$。近年来,住房城乡建设部围绕绿色低碳发展,大力推进生活垃圾分类,开展绿色建筑创建行动,提高建筑节能强制性标准,推进绿色建造、政府采购绿色建材、北方地区清洁取暖等试点工作,取得了比较显著的成效,不仅形成了一批可复制可推广的经验做法,也为落实"双碳"目标任务奠定了良好的基础。城乡建设绿色发展的成绩有目共睹,但仍存在整体性缺乏、系统性不足、宜居性不高、包容性不够等问题,很多方面与绿色发展还不相适应,大量建设、大量消耗、大量排放的建设方式尚未根本扭转。

2021 年 10 月 21 日,中共中央办公厅、国务院办公厅印发了《关于推动城乡建设绿色发展的意见》(以下简称《建设意见》),并发出通知,要求各地区各部门结合实际认真贯彻落实。《建设意见》坚持问题导向、目标导向、结果导向,总结了城乡建设绿色发展中好的经验做法和存在的突出问题,站在全面建设社会主义现代化国家的战略高度,对推动我国城乡建设绿色发展做出部署。文件的出台对于转变城乡建设发展方式,把新发展理念贯彻落实到城乡建设的各个领域和环节,推动形成绿色发展方式和生活方式,满足人民群众日益增长的美好生活需要,建设美丽城市和美丽乡村,具有十分重要的意义。《建设意见》也为我国城乡建设的绿色低碳转型明确了主要目标、建设发展方式和工作方法。

5.3.1 推动城乡建设绿色发展的总目标

到 2025 年,城乡建设绿色发展体制机制和政策体系基本建立,建设方式绿色转型成效显著,碳减排扎实推进,城市整体性、系统性、生长性增强,"城市病"问题缓解,城乡生态环境质量整体改善,城乡发展质量和资源环境承载能力明显提升，综合治理能力显著提高，绿色生活方式普遍推广。

到 2035 年，城乡建设全面实现绿色发展，碳减排水平快速提升，城市和乡村品质全面提升，人居环境更加美好，城乡建设领域治理体系和治理能力基本实现现代化，美丽中国建设目标基本实现。

5.3.2 城乡建设的绿色低碳转型发展方式

1. 推进城乡建设一体化发展

（1）促进区域和城市群绿色发展

建立健全区域和城市群绿色发展协调机制，充分发挥各城市比较优势，促进资源有效配置。在国土空间规划中统筹划定生态保护红线、永久基本农田、城镇开发边界等管控边界，统筹生产、生活、生态空间，实施最严格的耕地保护制度，建立水资源刚性约束制度，建设与资源环境承载能力相匹配、重大风险防控相结合的空间格局。统筹区域、城市群和都市圈内大中小城市住房建设，与人口构成、产业结构相适应。协同建设区域生态网络和绿道体系，衔接生态保护红线、环境质量底线、资源利用上线和生态环境准入清单，改善区域生态环境。推进区域重大基础设施和公共服务设施共建共享，建立功能完善、衔接紧密、保障有力的城市群综合立体交通等现代化设施网络体系。

（2）建设人与自然和谐共生的美丽城市

建立分层次、分区域协调管控机制，以自然资源承载能力和生态环境容量为基础，合理确定城市人口、用水、用地规模，合理确定开发建设密度和强度。提高中心城市综合承载能力，建设一批产城融合、职住平衡、生态宜居、交通便利的郊区新城，推动多中心、组团式发展。落实规划环评要求和防噪声距离。大力推进城市节水，提高水资源集约节约利用水平。实施海绵城市建设，完善城市防洪排涝体系，提高城市防灾减灾能力，增强城市韧性。实施城市生态修复工程，保护城市山体自然风貌，修复江河、湖泊、湿地，加强城市公园和绿地建设，推进立体绿化，构建连续完整的生态基础设施体系。实施城市功能完善工程，加强婴幼儿照护机构、幼儿园、中小学校、医疗卫生机构、养老服务机构、儿童福利机构、未成年人救助保护机构、社区足球场地等设施建设，增加公共活动空间，建设体育公园，完善文化和旅游消费场所设施，推动发展城市新业态、新功能。建立健全推进城市生态修复、功能完善工程标准规范和工作体系。推动绿色城市、森林城市、"无废城市"建设，深入开展绿色社区创建行动。推进以县城为重要载体的城镇化建设，加强县城绿色低碳建设，大力提升县城公共设施和服务水平。

（3）打造绿色生态宜居的美丽乡村

按照产业兴旺、生态宜居、乡风文明、治理有效、生活富裕的总要求，以持续改善农村人居环境为目标，建立乡村建设评价机制，探索县域乡村发展路径。提高农房设计和建造水平，建设满足乡村生产生活实际需要的新型农房，完善水、电、气、厕配套附属设施，加强既有农房节能改造。保护塑造乡村风貌，延续乡村历史文脉，严格落实有关规定，不破坏地形地貌、不拆传统民居、不砍老树、不盖高楼。统筹布局县城、中心镇、行政村基础设施和公共服务设施，促进城乡设施联动发展。提高镇村设施建设水平，持续推进农村生活垃圾、污水、厕所粪污、畜禽养殖粪污治理，实施农村水系综合整治，推进生态清洁流域建设，加强水土流失综合治理，加强农村防灾减灾能力建设。立足资源优势打造各具特色的农业全产业链，发展多种形式适度规模经营，支持以"公司＋农户"等模式对接市场，培育乡村文化、旅游、休闲、民宿、健康养老、传统手工艺等新业态，强化农产品及其加工副产物综合利用，拓宽农民增收渠道，促进产镇融合、产村融合，推动农村一二三产业融合发展。

2. 转变城乡建设发展方式

（1）建设高品质绿色建筑

实施建筑领域碳达峰、碳中和行动。规范绿色建筑设计、施工、运行、管理，鼓励建设绿色农房。推进既有建筑绿色化改造，鼓励与城镇老旧小区改造、农村危房改造、抗震加固等同步实施。开展绿色建筑、节约型机关、绿色学校、绿色医院创建行动。加强财政、金融、规划、建设等政策支持，推动高质量绿色建筑规模化发展，大力推广超低能耗、近零能耗建筑，发展零碳建筑。实施绿色建筑统一标识制度。建立城市建筑用水、用电、用气、用热等数据共享机制，提升建筑能耗监测能力。推动区域建筑能效提升，推广合同能源管理、合同节水管理服务模式，降低建筑运行能耗、水耗，大力推动可再生能源应用，鼓励智能光伏与绿色建筑融合创新发展。

（2）提高城乡基础设施体系化水平

建立健全基础设施建档制度，普查现有基础设施，统筹地下空间综合利用。推进城乡基础设施补短板和更新改造专项行动以及体系化建设，提高基础设施绿色、智能、协同、安全水平。加强公交优先、绿色出行的城市街区建设，合理布局和建设城市公交专用道、公交场站、车船用加气加注站、电动汽车充换电站，加快发展智能网联汽车、新能源汽车、智慧停车及无障碍基础设施，强化城市轨道交通与其他交通方式衔接。加强交通噪声管控，落实城市交通设计、规划、建设和运行噪声技术要求。加强城市高层建筑、大型商业综合体等重点场所消防安全管理，打通消防生命通道，推进城乡应急避难场所建设。持续推动城镇污水处理提质增效，完善再生水、集蓄雨水等非常规水源利用系统，推进城镇污水管网全覆盖，建立污水处理系统运营管理长效机制。因地制宜加快连接港区管网建设，做好船舶生活污水收集处理。统筹推进煤改电、煤改气及集中供热替代等，加快农村电网、天然气管网、热力管网等建设改造。

（3）加强城乡历史文化保护传承

建立完善城乡历史文化保护传承体系，健全管理监督机制，完善保护标准和政策法规，严格落实责任，依法问责处罚。开展历史文化资源普查，做好测绘、建档、挂牌工作。建立历史文化名城、名镇、名村及传统村落保护制度，加大保护力度，不拆除历史建筑，不拆真遗存，不建假古董，做到按级施保、应保尽保。完善项目审批、财政支持、社会参与等制度机制，推动历史建筑绿色化更新改造、合理利用。建立保护项目维护修缮机制，保护和培养传统工匠队伍，传承传统建筑绿色营造方式。

（4）实现工程建设全过程绿色建造

开展绿色建造示范工程创建行动，推广绿色化、工业化、信息化、集约化、产业化建造方式，加强技术创新和集成，利用新技术实现精细化设计和施工。大力发展装配式建筑，重点推动钢结构装配式住宅建设，不断提升构件标准化水平，推动形成完整产业链，推动智能建造和建筑工业化协同发展。完善绿色建材产品认证制度，开展绿色建材应用示范工程建设，鼓励使用综合利用产品。加强建筑材料循环利用，促进建筑垃圾减量化，严格施工扬尘管控，采取综合降噪措施管控施工噪声。推动传统建筑业转型升级，完善工程建设组织模式，加快推行工程总承包，推广全过程工程咨询，推进民用建筑工程建筑师负责制。加快推进工程造价改革。改革建筑劳动用工制度，大力发展专业作业企业，培育职业化、专业化、技能化建筑产业工人队伍。

（5）推动形成绿色生活方式

推广节能低碳节水用品，推动太阳能、再生水等应用，鼓励使用环保再生产品和绿色设计产品，减少一次性消费品和包装用材消耗。倡导绿色装修，鼓励选用绿色建材、家具、家电。持续推进垃圾分类和减量化、资源化，推动生活垃圾源头减量，建立健全生活垃圾分类投放、分类收集、分类转运、分类处理系统。加强危险废物、医疗废物收集处理，建立完善应急处置机制。科学制定城市慢行系统规划，因地制宜建设自行车专用道和绿道，全面开展人行道净化行动，改造提升重点城市步行街。深入开展绿色出行创建行动，优化交通出行结构，鼓励公众选择公共交通、自行车和步行等出行方式。

5.3.3 城乡建设的绿色低碳转型工作方法

1. 统筹城乡规划建设管理

坚持总体国家安全观，以城乡建设绿色发展为目标，加强顶层设计，编制相关规划，建立规划、建设、管理三大环节统筹机制，统筹城市布局的经济需要、生活需要、生态需要、安全需要，统筹地上地下空间综合利用，统筹各类基础设施建设，系统推进重大工程项目。创新城乡建设管控和引导机制，完善城市形态，提升建筑品质，塑造时代特色风貌。完善城乡规划、建设、管理制度，动态管控建设进程，确保一张蓝图实施不走样、不变形。

2. 建立城市体检评估制度

建立健全"一年一体检、五年一评估"的城市体检评估制度，强化对相关规划实施情况和历史文化保护传承、基础设施效率、生态建设、污染防治等的评估。制定城市体检评估标准，将绿色发展纳入评估指标体系。城市政府作为城市体检评估工作主体，要定期开展体检评估，制订年度建设和整治行动计划，依法依规向社会公开体检评估结果。加强对相关规划实施的监督，维护规划的严肃性与权威性。

3. 加大科技创新力度

完善以市场为导向的城乡建设绿色技术创新体系，培育壮大一批绿色低碳技术创新企业，充分发挥国家工程研究中心、国家技术创新中心、国家企业技术中心、国家重点实验室等创新平台对绿色低碳技术的支撑作用。加强国家科技计划研究，系统布局一批支撑城乡建设绿色发展的研发项目，组织开展重大科技攻关，加大科技成果集成创新力度。建立科技项目成果库和公开制度，鼓励科研院所、企业等主体融通创新、利益共享，促进科技成果转化。建设国际化工程建设标准体系，完善相关标准。

4. 推动城市智慧化建设

建立完善智慧城市建设标准和政策法规，加快推进信息技术与城市建设技术、业务、数据融合。开展城市信息模型平台建设，推动建筑信息模型深化应用，推进工程建设项目智能化管理，促进城市建设及运营模式变革。搭建城市运行管理服务平台，加强对市政基础设施、城市环境、城市交通、城市防灾的智慧化管理，推动城市地下空间信息化、智能化管控，提升城市安全风险监测预警水平。完善工程建设项目审批管理系统，逐步实现智能化全程网上办理，推进与投资项目在线审批监管平台等互联互通。搭建智慧物业管理服务平台，加强社区智慧化建设管理，为群众提供便捷服务。

5. 推动美好环境共建共治共享

建立党组织统一领导，政府依法履责，各类组织积极协同，群众广泛参与，自治、法治、德治相结合的基层治理体系，推动形成建设美好人居环境的合力，实现决策共谋、发展共建、建设共管、效果共评、成果共享。下沉公共服务和社会管理资源，按照有关规定探索适宜城乡社区治理的项目招投标、奖励等机制，解决群众身边、房前屋后的实事小事。以城镇老旧小区改造、历史文化街区保护与利用、美丽乡村建设、生活垃圾分类等为抓手和载体，构建社区生活圈，广泛发动组织群众参与城乡社区治理，共同建设美好家园。

第六章 "双碳"愿景下的
碳经济与绿色低碳社会

6.1 碳经济发展

6.1.1 碳市场建设

20 世纪 60 年代，各国科学家达成人类需要尽快实现碳中和的共识，以避免更加严重的气候灾难。为应对气候变化、减少以二氧化碳为代表的温室气体排放，最初联合国发起设计了一种新型的国际贸易机制：把温室气体的排放权变成商品，这种排放权的流通交易叫作碳交易。1997 年，《京都议定书》成为首个以法规形式设定减排目标的国际协议，开启了碳交易的大门。国际碳交易市场的运行机制，总体而言来自《京都议定书》所设定的框架：各国的排放数额是以"净排放量"核准，即从实际排放量中扣除本国森林所吸收的二氧化碳当量，据此分配碳配额。在这个理论框架之下，国际排放交易机制、联合履约机制和清洁发展机制三大交易机制被提出，为全球碳市场的发展奠定了制度基础。对于发展中国家而言，主要是利用清洁发展机制和自愿减排机制参与国际碳市场。排放权就是发展权，更是基本人权，未来也是实现其他人权的前提。

碳交易制度是指将二氧化碳排放权作为一种商品在期货市场进行交易的制度，以每吨二氧化碳排放当量为计算单位。碳交易制度作为促进全球温室气体减排的一种交易机制，由《京都协议书》根据国际公法制定，在国际上应用范围广泛。碳交易制度因直接限定了碳排放的数量，能够快速有效地对碳排放起到控制作用，但部分企业由于无法购买到足额的碳排放份额，只能通过降低产能以达到排放要求，因此碳交易制度的实施会在一定程度上降低社会产出水平。

由合同一方通过购买获得排放配额，在配额范围内向大气中排放二氧化碳，若排放量未超过配额，可将剩余配额进行转让，进行这种交易的市场称为碳交易市场。碳交易市场是重要的市场化减排机制，能在价格发现、预期引导、风险管理等方面发挥积极作用，通过碳价反映碳排放外部成本，引导私人投资，以推动低碳技术的研发与应用，实现资源的高效配置。

我国的碳市场主要有两种类型，分别为自愿减排交易和碳配额交易。自愿减排交易是通过实施项目削减温室气体排放而取得的减排凭证。与自愿减排交易市场相对应的另一个市场为碳配额交易市场。碳配额交易市场是将二氧化碳等温室气体的排放权作为交易对象，在自上而下的碳排放权核算与分配体系下，基于不同边际减排成本企业之间的碳配额市场供需关系，由拥有富余碳配额的企业出售、碳配额履约不足的企业购买，根据碳配额价值和市场供需关系产生碳价格，形成市场交易。我国从 2011 年开始在北京、天津、上海、重庆、广东、湖北及深圳开展碳排放权交易试点，2013 年正式启动试点交易，逐渐形成了 8 个碳交易试点地区。

广东省 2011 年被国家确定为碳排放权交易试点省，2013 年年底正式启动运行碳市场，已基本建立起系统完备、公开透明、运行有效、全国领先的碳排放权管理和交易市场，交易量规模连续几年在全国试点碳市场领跑。在自愿减排市场机制方面，2015 年广东省在全国率先提出鼓励公众及中小微企业积极践行绿色低碳的碳普惠制，建成了全省统一的碳普惠平台，形成了常态化的碳普惠推广及宣传机制，受到国家和其他省市的高度关注。2013 年 6 月，深圳在全国第一个正式启动碳市场的试点。深圳碳市场纳入了 800 多家企业，是全国试点中纳入控排企业最多的两个试点之一，并且后来对境外投资者开放，是各试点中第一个允许境外投资者参与的碳交易平台。2014 年，香港排放权交易所与香港碳权暨碳汇交易有限公司联合推出香港排放权交易平台，挂牌的产品仅为国家核证自愿减排量（CCER）、核证减排量（CER）以及自愿减排量（VER），流动性不足。同样以第三产业为主的澳门未被纳入全国范围内的强制碳市场。2015 年 1 月，广州碳排放权交易所与香港排放权交易所、广州赛宝认证中心服务有限公司签订三方战略合作协议，共同推进区域碳市场建设。

2008 年全国首家环境权益类交易机构上海环境能源交易所设立，2011 年上海列入全国七个碳排放权交易试点省市之一，2013 年正式启动碳交易试点市场运行。上海市从 2016 年扩大碳交易的覆盖范围以来，不断加强碳排放控制与管理，市场运行平稳有序，交易规范透明，是全国唯一达成各履约年度实现 100% 履约的试点地区，有效发挥了市场机制在促进碳减排中的作用。通过 2016—2018 年又一个三年的试点深化，上海市碳交易管理制度日趋完善，市场运行稳健，企业碳排放控制和管理意识、参与市场的能力都得到显著提升，整体情况良好。随着参与企业及机构的增多，上海碳市场交易活跃度进一步提高。2018 履约年度，上海碳市场实现二级市场总成交量 2.7×10^7 t，总成交额 2.95 亿元。其中配额成交量 7.0×10^6 t，相对 2017 履约年度增长 21.79%，成交额 2.33 亿元，相对 2017 履约年度增长 40.84%。2019 履约年度，上海碳市场实现二级市场总成交量 2.3×10^7 t，总成交额 3.26 亿元。自 2021 年 7 月 16 日全国碳市场启动运行以来，上海环境能源交易所在控制、减少温室气体排放，推动绿色低碳发展，推动实现碳达峰、碳中和目标方面发挥了重要作用。碳市场运行平稳，有效服务了企业减排和推动形成碳定价。

2021 年 2 月 1 日生态环境部制定的《碳排放权交易管理办法（试行）》开始施行，全国碳排放权交易体系（全国碳市场）当年也正式投入运行。全国碳市场首批纳入发电行业重点排放单位 2 162 家，覆盖约 4.5×10^9 t 二氧化碳排放量，是全球规模最大的碳市场。全国碳市场第一个履约周期于 2021 年 12 月 31 日顺利收官，履约完成率达 99.5%，海南、广东、上海、湖北、甘肃等五个省市全部按时足额完成配额清缴。碳排放配额累计成交量 1.79×10^8 t，累计成交额 76.61 亿元，成交均价 42.85 元/t，每日收盘价在 40～60 元/t 波动，价格总体稳中有升。

2022 年 1 月 4 日至 2022 年 12 月 30 日，全国碳市场共运行 50 周、242 个交易日。2022 年全国碳市场的交易主要集中在年初和年末，1—2 月、11—12 月成交量分别占全年总成交量的 19%、66%。2022 年全国碳排放权交易市场碳排放配额年度成交量 5.1×10^7 t，年度成交额 28.14 亿元，其中，挂牌协议交易年度成交量 6.2×10^6 t，年度成交额 3.58 亿元；大宗协议交易年度成交量 4.5×10^7 t，年度成交额 24.56 亿元。2022 年挂牌协议交易单笔成交价在 50.54～61.60 元/t，每日收盘价在 55.00～61.38 元/t，

12月30日收盘价55.00元/t，较启动首日开盘价（48元/t）上涨14.58%，较2021年12月31日上涨1.44%。2022年大宗协议交易单日成交均价在42.54～62.54元/t，2022年度成交均价54.98元/t。

截至2022年12月31日，全国碳市场碳排放配额累计成交量2.3×10^8 t，累计成交金额104.75亿元，成交均价为45.61元/t。

全国碳市场运行机制框架如图6-1所示。全国碳市场是通过市场机制控制碳排放的政策工具，是重点排放单位对国家分配的碳排放配额进行交易的市场，市场运行主要包括数据核算、报告与核查，配额分配与清缴，市场交易与监管等环节。生态环境部制定全国碳排放权交易及相关活动的管理规则，加强对地方碳排放的监督管理，并会同相关部门对全国碳排放权交易及相关活动进行监督管理和指导。省级生态环境部门负责在本行政区组织实施及监督管理。设区的市级生态环境主管部门负责配合省级部门落实相关具体工作。重点排放单位报告碳排放数据、清缴碳排放配额、公开交易及相关活动信息，并接受生态环境部门的监督管理。

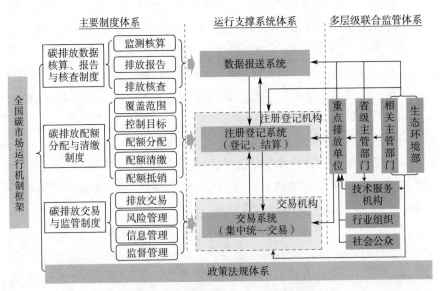

图6-1　全国碳市场运行机制框架

全国碳市场建设成效显著，推动了绿色低碳转型和高质量发展，降低了发电行业减排成本，提升了企业减排意识和能力。

6.1.2 碳税体系建设

碳税是指对使用煤炭、石油、天然气等化石燃料产生的二氧化碳排放征收的税。多数征收碳税的国家以化石燃料的含碳量为基础计算其燃烧可能产生的二氧化碳排放量，并将其作为计税依据征收碳税。另有部分国家检测技术较为完善，以燃料燃烧产生的二氧化碳排放量作为计税依据征收碳税。碳税因其兼具环境法与税法双重属性，以及市场与政府两方面机制功能，正日益受到世界各国重视。碳税设计与征收应以本国碳减排责任与目标设定为基础，同时必须考虑本国经济发展所处阶段，以及经济发展和人民生活水平提升的合理要求。另外，碳税与能源税的概念也不相同。能源税不是一种具体的税，而是对各种以消耗能源为依据征收的税种的总称，比如我国对成品油征收的消费税、国外征收的燃油税等，与碳税在多个方面存在区别：能源税比碳税产生的时期要早得多，且在征收目的上，能源税主要是为了控制消费者对自然能源的过度消费，碳税是为了减少二氧化碳的排放，促进清洁能源的使用，缓解全球变暖带来的一系列极端气候问题；在征税范围上，能源税的征收范围更大，不仅覆盖了产生二氧化碳的化石燃料，还包括其他能源；在计税依据方面，碳税以化石燃料的含碳量或产生的碳排放量为计税依据，能源税则以开采使用能源的数量为依据进行征收；在减排效果上，碳税以减少二氧化碳排放、调节能源使用结构为主要目的，碳税的二氧化碳减排效果更优于不以含碳量为计税依据的能源税。

征收碳税的主要目的是减少二氧化碳的排放以减缓全球变暖带来的一系列气候问题，同时调整能源使用结构，促进清洁能源的使用，因此碳税属于环境税的一种。鉴于全球气候变暖带来的气候问题日益严重，征收碳税相比其他减排工具成本更小，效果更加显著且便于实施，因此逐渐成为各国控制碳排放总量的主要措施。征收碳税同时能够间接促进节能环保科技的发展。将征收碳税取得的财政收入用于税收返还或财政补贴，能够有效促进企业加大节能减排力度，进而间接促进碳捕集利用与封存技术等减排技术的发展与应用，并推动相关产业发展。

关于碳税的理论基础已经较为完善，庇古税理论、双重红利理论以及替代效应理论都为开征碳税提供了坚实的理论支持：第一，碳税能够大幅矫正企业污染行为导致的外部成本，实现外部成本内部化；第二，征收碳税能够在改善环境质量的同时增加财政收入，并矫正其他税收产生的扭曲作用，改进税制；第三，征收碳税可以促进能源结构升级，降低企业对化石能源依赖性，符合绿色可持续发展理念。

对企业在生产活动过程中排放的二氧化碳征税，自然应当先准确计算或监测出企业的二氧化碳排放量。目前有几种可行的征税形式：一种是将碳税作为资源税的附加税征收，一种是单独进行试点征收，还有一种是作为环境保护税的一个税目进行征收。无论以那种形式征收碳税，我国都已经具备完备的测算技术，能够满足征收碳税所需条件。各种燃料的单位含碳量是固定的，能够计算出单位燃料产生的二氧化碳排放量，计算相对简单且容易掌握。以附加税形式征收碳税，并不存在技术上的难题。我国已经开征环境保护税，相关技术设备能够准确监测出企业向大气中排放的各类污染气体含量。单独进行征收或作为环境保护税的一个税目进行征收，虽然技术要求更高，但现阶段我国已经具备监测废气中二氧化碳含量的能力。征收碳税需要在环保税体系较为完整的基础上进行。二氧化碳排放过多虽然会导致全球气候变暖等问题，但二氧化碳并不属于对居民生活造成严重危害的有毒有害气体。对排放到大气中的二氧化碳征税应当是在对有毒有害气体征税的基础上，对环境保护的补充或升级。我国已经开征的环境保护税税目包含了 44 种有毒有害气体，对每一排放口污染当量数最大的前三种污染物征税（重金属污染物为前五项），实现了对有毒有害气体排放的有效控制。二氧化碳是废气中含量最多的气体，过量排放同样会导致环境质量下降，在已经对有毒有害气体征税的基础上，可以对二氧化碳的排放进行控制。

碳税目前有两种征收模式，一种是在生产环节征收，另一种是在消费环节征收。在生产环节征收，效果同消费税一样，虽然能够在一定程度上促进清洁能源的使用，但并不利于减排技术的发展，而且会大幅提高含碳燃料价格，增加企业生产成本，虽然计税依据不同，但消费者可能认为存在重复征税问题，不利于经济稳定。因此如果要开征碳税，应当调整含碳燃料的消费税税率，避免加强税收扭曲效应，且应当将碳税的作用与原理向群众普及，提高群众的对税收的认知程度。

征收碳税的出发点是解决环境的负外部性问题。与碳交易基于总量控制设计原则不同，碳税制度设计的核心是价格控制，由政府设定税率，碳税所覆盖的企业通过缴纳碳税支付碳排放成本。简单来说，碳交易的降碳逻辑是设置排放总量上限，通过逐年降低排放总量上限实现减排目标，而碳税机制则不设置排放总量上限，通过价格干预引导经济主体优化生产经营行为，从而实现碳减排目的。碳税与碳市场有效结合，能有效克服碳市场机制的不足，覆盖更多的行业同时囊括中小企业，提升减碳机制的完整性和灵活度。当前我国运行中的碳定价机制仅有全国碳市场，碳税仍处于研究制定阶段，中国核证自愿减排量（CCER）市场也还未重启。我国自提出"双碳"战略以来，已于多份文件中提及推动碳税制度落地。2022年1月18日，国家发展改革委等七部门联合印发《促进绿色消费实施方案》，提到"更好发挥税收对市场主体绿色低碳发展的促进作用"，再一次明确了国家通过财税工具促进绿色低碳发展的工作思路。

6.1.3　碳金融体系建设

碳金融指的是在温室气体减排过程中，维护碳金融交易活动的相关制度，以及为碳金融交易活动提供服务的资金。碳金融的主要内容可以概括为三个部分：碳排放权及其碳排放权衍生品的交易，主要是企业或者是政府在碳排放市场上所产生的交易活动；企业管理碳减排项目，本质上是企业对自身的碳资产进行管理，这是企业参与碳金融发展的最主要途径；金融机构的活动，包括银行在内的金融及服务机构所开展的各项碳金融业务，以及开发各种碳金融产品。

碳金融政策是指国家或政府部门制定并实施的规定并监管碳排放权交易、金融及服务机构从事碳金融以及企业参与碳金融发展（以企业管理低碳减排项目为主）活动的一系列政策法规。

碳金融产品供求机制主要包括：一是政策支持，政府可以通过政策手段，如碳排放权交易、碳汇投资、碳汇技术研发等，来支持碳金融产品的供求；二是市场化机制，通过建立碳汇市场，完善碳汇交易机制，推动碳汇市场健康发展，促进碳金融产品的供求；三是社会参与，通过加强碳汇社会参与，推动碳汇社会发展，促进碳金融产品的供求。

碳金融市场的交易机制主要包括确定交易主体、交易品种和交易方式等。我国目前碳交易品种相对有限，管理机构对于碳金融交易衍生品的态度较为谨慎。

欧美发达国家的绿色金融体系较为成熟，尤其以欧盟为代表的绿色金融发展相对领先。欧美发达国家的绿色金融从法制制度、市场主体和绿色金融工具等方面已经形成了较为完善的体系。在绿色金融政策体系方面，各国政府及央行不断加强绿色金融顶层设计，制定相关法案、政策，在绿色债券、绿色信贷、绿色保险、绿色基金等产品领域已形成较为成熟的产品体系。

我国绿色金融体系的建设主要由政策推动。2015年我国推出了一系列环境污染治理的政策意见。如发布了《中共中央 国务院关于加快推进生态文明建设的意见》，提出推广绿色信贷、排污权抵押等融资，开展环境污染责任保险试点；发布了《生态文明体制改革总体方案》，提出绿色信贷、绿色债券、绿色基金、上市公司披露信息等，为后续国内绿色金融的全面快速发展提供了先行的政策实践。2016年建立绿色金融体系被写入我国"十三五"规划，还相应出台了《关于构建绿色金融体系的指导意见》，其中明确提出要"发展各类碳金融产品"。自2012年我国各试点碳市场建立以来，北京、深圳、上海等碳交易所做了大量碳金融产品创新的探索，各类碳金融产品的交易和使用并不活跃，碳金融产品的创新往往停留在首单效应上。上海依托国际金融中心优势，积极推动碳金融及绿色金融领域的产品及服务创新，相继推出基于碳配额及碳交易产品的借碳、回购、质押、信托等碳市场服务业务。2017年，上海环资所与上海清算所合作推出上海碳配额远期产品，这是全国首个中央对手清算的碳远期产品。

随着2021年全国碳市场正式启动上线交易，碳市场活跃度稳步提高，各类碳金融产品实践和创新更加丰富。2022年4月，中国证券监督管理委员会发布了金融行业标准《碳金融产品》（JR/T 0244—2022）。《碳金融产品》标准将碳金融产品划分为碳市场融资工具、碳市场交易工具和碳市场支持工具，并对碳债券、碳资产抵质押融资、碳资产回购、碳资产托管、碳远期、碳期货、碳期权、碳掉期/碳互换、碳借贷、碳指数、碳保险、碳基金等12种碳金融产品进行定义，还给出了碳资产抵质押融资、碳资产回购、碳资产托管、碳远期、碳借贷、碳保险等碳金融产品的标准化实施流程。

2021年"十四五"规划提出"大力发展绿色金融"，绿色金融将作为实现"双碳"目标的主要抓手。我国目前在绿色金融的宏观顶层设计、微观评估标准等方面构建了一个全面的政策框架，已成为全球首个建立了系统性绿色金融政策框架的国家。随着绿色金融的政策体系构建，我国逐渐发展出了由中央到地方、多层次、创新性的一系列激励机制。如央行已将绿色债券和绿色贷款纳入央行贷款便利的合格抵押品范围，农业发展银行正积极探索排污权、用能权、碳排放权等绿色权益担保方式。另外，央行于2021年6月印发了《银行业金融机构绿色金融评价方案》，未来将对我国金融机构绿色金融业务的开展情况进行综合评价并实施激励约束，评价结果也将被纳入政策和审慎管理工具。目前，我国已形成多层次绿色金融产品和市场体系，其中绿色信贷和绿色债券发展较快，体系相对成熟，规模居世界前列。除此之外，我国还以国情和行业特点为基础，发展出绿色基金、绿色保险、绿色PPP（政府和社会资本合作）等金融产品。2020年7月，财政部、生态环境部和上海市人民政府三方共同发起设立了国家绿色发展基金股份有限公司，主要投资环境保护和污染防治、生态修复和国土空间绿色、能源资源节约利用、绿色交通、清洁能源等绿色发展领域。多省市开展了绿色PPP方面的实践，涵盖污水处理、流域治理、垃圾焚烧等领域。绿色金融科技支持也是我国绿色金融的重要发展方向之一。在政府的积极倡导下，相关行业利用数字和科技等来解决绿色金融发展的难点和痛点，加速行业发展。2021年，央行工作会议部署明确"落实碳达峰、碳中和"是仅次于货币、信贷政策的第三大工作，要求做好政策设计和规划，引导金融资源向绿色发展领域倾斜，增强金融体系管理气候变化相关风险的能力，推动建设碳排放权交易市场为排碳合理定价。

2021年10月，上海市政府发布了《上海加快打造国际绿色金融枢纽服务碳达峰碳中和目标的实施意见》，支持全国碳排放权交易市场建设，推动金融市场与碳排放权交易市场合作与联动发展，促进以碳排放权为基础的各类场外和场内衍生产品创新，推动金融机构积极稳妥参与碳金融市场建设，丰富碳金融市场参与主体；发展碳排放权质押、碳回购、碳基金、碳信托等碳金融业务，增强碳金融市场活力，更好服务产业绿色转型升级；鼓励银行业金融机构提升绿色信贷规模和占比，强化对绿色项目的信贷服务支持，大力发展绿色债券，创新绿色保险产品，完善绿色金融信用体系；持续推进资本市场为节能环保、清洁生产、清洁能源、生态环境、基础设施绿色升级、绿色服务等重点产业提供多样化融资支持，支持节水型城市、海绵城市、低碳发展实践区和生态工业园区等建设；逐步推动建立金融市场环境、社会、治理信息披露机制，通过社会责任报告、企业公告、绿色金融年度报告等形式，鼓励上市公司加强绿色信息披露；引进和培育一批具有国际水准的绿色认证、环境咨询、绿色资产评估、碳排放核算、数据服务等绿色中介服务机构，在碳资产管理、碳足迹管理、碳信息披露、低碳技术认证等领域形成全国领先的中介服务体系。

6.2 绿色低碳社会建设

6.2.1 碳中和构建的生态文明愿景

碳中和以人类能源利用与地球碳循环系统之间形成动态平衡为目标，最大限度地降低人类生产、生活对地球生态系统的破坏和影响。以碳中和目标为基础和保障的生态文明将实现人类物质文明与地球生态系统协调统一，构建人类绿色、可持续发展的高度物质文明与精神文明。在碳中和目标约束下，人类将实现社会经济与环境的可持续发展，走向人与自然和谐共生的生态文明。

碳中和将促使能源从资源依赖走向技术依赖，最终实现人与自然和谐共存。在碳中和目标下，能源消费结构将从以一次能源直接消费为主转变为电气化二次能源占主导地位，电能将成为最主要的能源载体，建筑、交通和家居等行业电气化水平的不断提升将给人类生活带来根本性的变化和深层次的影响。预计到 2050 年，全球建筑行业的直接电气化率成为最高，从目前的 32% 上升到 73%；交通运输行业电气化率将从目前的 1% 大幅度增至 49%，交通出行将逐渐零碳化；电动汽车销售量将占汽车销售总量的 80% 以上，电动汽车保有量将从目前的 1 000 多万辆增至 17.8 亿辆。家庭家居将向碳中和目标迈进，在采暖脱碳、环保施工、绿色建材等方面均有望形成进一步的创新并且得到应用；制冷、供暖、家电、照明、烹饪等环节的电气化率不断提高，节能减排型智能家居的开发与推广应用将不断树立人类节能、环保用能的观念。在生活方面，垃圾分类、节能减排将彻底融入生活，人们将在衣、食、住、行等方面践行低碳与绿色发展的生活理念与生活方式。

6.2.2　绿色低碳城市建设

1. 将绿色低碳内容编入我国规划体系

将低碳发展、适应气候变化纳入现有规划体系中，明确各层级碳中和目标定位、指标体系、管控措施。编制碳中和专项规划，以碳中和视角编制生态修复规划、市政基础设施规划等，落实低碳发展相关政策和目标，明确策略、措施和行动计划。建立基于城市运行状态的碳排放动态核算平台。建立城市低碳规划设计仿真模型与决策支持系统，形成碳排碳汇可视化表达，可识别高碳排区域、高碳排维度，为低碳城市规划提供技术支撑。

2. 优化城市结构和布局

城市形态、密度、功能布局和建设方式对碳减排具有基础性重要影响。积极开展绿色低碳城市建设，推动组团式发展。每个组团面积不超过 50 km²，组团内平均人口密度原则上不超过 10 000 人 /km²，个别地段最高不超过 15 000 人 /km²。加强生态廊道、景观视廊、通风廊道、滨水空间和城市绿道统筹布局，留足城市河湖生态空间和防洪排涝空间，组团间的生态廊道应贯通连续，净宽度不少于 100 m。推动城市生态修复，完善城市生态系统。严格控制新建超高层建筑，一般不得新建超高层住宅。新城新区合理控制职住比例，促进就业岗位和居住空间均衡融合布局。合理布局城市快速干线交通、生活性集散交通和绿色慢行交通设施，主城区道路网密度应大于 8 km/km²。严格既有建筑拆除管理，坚持从"拆改留"到"留改拆"推动城市更新，除违法建筑和经专业机构鉴定为危房且无修缮保留价值的建筑外，不大规模、成片集中拆除现状建筑，城市更新单元（片区）或项目内拆除建筑面积原则上不应大于现状总建筑面积的 20%。盘活存量房屋，减少各类空置房。

3. 开展绿色低碳社区建设

优化、整合现有的完整社区、低碳社区、绿色社区、智慧社区、未来社区等社区建设标准，打造面向碳中和的绿色低碳居住社区。推广功能复合的混合街区，倡导居住、商业、无污染产业等混合布局。按照《完整居住社区建设标准（试行）》配建基本公共服务设施、便民商业服务设施、市政配套基础设施和公共活动空间，到 2030 年地级及以上城市的完整居住社区覆盖率提高到 60% 以上。通过步行和骑行网络串联若干个居住社区，构建 15 分钟生活圈。推进绿色社区创建行动，将绿色发展理念贯穿社区规划建设管理全过程，60% 的城市社区先行达到创建要求。探索零碳社区建设。鼓励物业服务企业向业主提供居家养老、家政、托幼、健身、购物等生活服务，在步行范围内满足业主基本生活需求。鼓励选用绿色家电产品，减少使用一次性消费品。鼓励"部分空间、部分时间"等绿色低碳用能方式，倡导随手关灯，电视机、空调、计算机等电器不用时关闭插座电源。鼓励选用新能源汽车，推进社区充换电设施建设。

4. 全面提高绿色低碳建筑水平

持续开展绿色建筑创建行动，到 2025 年，城镇新建建筑全面执行绿色建筑标准，星级绿色建筑占比达到 30% 以上，新建政府投资公益性公共建筑和大型公共建筑全部达到一星级以上。2030 年前严寒、寒冷地区新建居住建筑本体达到 83% 节能要求，夏热冬冷、夏热冬暖、温和地区新建居住建筑本体达到 75% 节能要求，新建公共建筑本体达到 78% 节能要求。推动低碳建筑规模化发展，鼓励建设零碳建筑和近零能耗建筑。加强节能改造鉴定评估，编制改造专项规划，对具备改造价值和条件的居住建筑要应改尽改，改造部分节能水平应达到现行标准规定。持续推进公共建筑能效提升重点城市建设，到 2030 年地级以上重点城市全部完成改造任务，改造后实现整体能效提升 20% 以上。推进公共建筑能耗监测和统计分析，逐步实施能耗限额管理。加强空调、照明、电梯等重点用能设备运行调适，提升设备能效，到 2030 年实现公共建筑机电系统的总体能效在现有水平上提升 10%。提高建筑可再生能源利用。推行建筑工业化，发展装配式建筑，延长建筑寿命。普及一体化和被动式设计，全面推行低能耗、近零能耗建筑。提高建筑用能系统和设备效率，推广超高效系统和设备。建筑终端用能清洁化，提高电气化水平和建筑可再生能源利用率。发展智能系统，建设微电网，发展储能设备，有效实施电力需求侧响应。

5. 建设绿色低碳住宅

提升住宅品质，积极发展中小户型普通住宅，限制发展超大户型住宅。依据当地气候条件，合理确定住宅朝向、窗墙比和体形系数，降低住宅能耗。合理布局居住生活空间，鼓励大开间、小进深，充分利用日照和自然通风。推行灵活可变的居住空间设计，减少改造或拆除造成的资源浪费。推动新建住宅全装修交付使用，减少资源消耗和环境污染。积极推广装配化装修，推行整体卫浴和厨房等模块化部品应用技术，实现部品部件可拆改、可循环使用。提高共用设施设备维修养护水平，提升智能化程度。加强住宅共用部位维护管理，延长住宅使用寿命。

6. 建立绿色低碳的基础设施体系

建立绿色低碳的基础设施体系，提高基础设施运行效率。加大城市老旧供水管网改造力度，推进智慧化分区计量管理，降低供水管网漏失率。积极推广智慧照明控制技术，加快智慧灯杆应用，形成共建共享、集约高效的城市物联感知网络。推进污水源热能回收利用等技术应用，推动设施信息化、智能化改造。根据区域经济发展情况和市政设施需求，因地制宜建设地下综合管廊。基础设施体系化、智能化、生态绿色化建设和稳定运行，有效减少能源消耗和碳排放。实施 30 年以上老旧供热管网更新改造工程，加强供热管网保温材料更换，推进供热场站、管网智能化改造，到 2030 年城市供热管网热损失比 2020 年下降 5 个百分点。开展人行道净化和自行车专用道建设专项行动，完善城市轨道交通站点与周边建筑连廊或地下通道等配套接驳设施，加大城市公交专用道建设力度，提升城市公共交通运行效率和服务水平，城市绿色交通出行比例稳步提升。全面推行垃圾分类和减量化、资源化，完善生活垃圾分类投放、分类收集、分类运输、分类处理系统，到 2030 年城市生活垃圾资源化利用率达到 65%。结合城市特点，充分尊重自然，加强城市设施与原有河流、湖泊等生态本底的有效衔接，因地制宜，系统化全域推进海绵城市建设，综合采用"渗、滞、蓄、净、用、排"方式，加大雨水蓄滞与利用，到 2030 年全国城市建成区平均可渗透面积占比达到 45%。推进节水型城市建设，实施城市老旧供水管网更新改造，推进管网分区计量，提升供水管网智能化管理水平，力争到 2030 年城市公共供水管网漏损率控制在 8% 以内。实施污水收集处理设施改造和城镇污水资源化利用行动，到 2030 年全国城市平均再生水利用率达到 30%。加快推进城市供气管道和设施更新改造。推进城市绿色照明，加强城市照明规划、设计、建设运营全过程管理，控制过度亮化和光污染，到 2030 年 LED（发光二极管）等高效节能灯具使用占比超过 80%，30% 以上城市建成照明数字化系统。开展城市园林绿化提升行动，完善城市公园体系，推进中心城区、老城区绿道网络建设，加强立体绿化，提高乡土和本地适生植物应用比例，到 2030 年城市建成区绿地率达到 38.9%，城市建成区每万人拥有绿道长度超过 1 km。

7. 优化城市建设用能结构

全面推广太阳能光伏建筑，积极发展建筑附建小型风电，提高建筑可再生能源利用比例。推进建筑太阳能光伏一体化建设，到 2025 年新建公共机构建筑、新建厂房屋顶光伏覆盖率力争达到 50%。推动既有公共建筑屋顶加装太阳能光伏系统。加快智能光伏应用推广。在太阳能资源较丰富地区及有稳定热水需求的建筑中，积极推广太阳能光热建筑应用。因地制宜推进地热能、生物质能应用，推广空气源等各类电动热泵技术。到 2025 年城镇建筑可再生能源替代率达到 8%。引导建筑供暖、生活热水、炊事等向电气化发展，到 2030 年建筑用电占建筑能耗比例超过 65%。推动开展新建公共建筑全面电气化，到 2030 年电气化比例达到 20%。推广热泵热水器、高效电炉灶等替代燃气产品，推动高效直流电器与设备应用。推动智能微电网、"光储直柔"、蓄冷蓄热、负荷灵活调节、虚拟电厂等技术应用，优先消纳可再生能源电力，主动参与电力需求侧响应。探索建筑用电设备智能群控技术，在满足用电需求前提下，合理调配用电负荷，实现电力少增容、不增容。根据既有能源基础设施和经济承受能力，因地制宜探索氢燃料电池分布式热电联供。推动建筑热源端低碳化，综合利用热电联产余热、工业余热、核电余热，根据各地实际情况应用尽用。充分发挥城市热电供热能力，提高城市热电生物质耦合能力。引导寒冷地区达到超低能耗的建筑不再采用市政集中供暖。

8. 推进绿色低碳建造

发展近零能耗智能建筑。新建建筑要普遍达到基本级绿色建筑要求，鼓励发展星级绿色建筑。加快推行绿色建筑和建筑节能标准，加强设计、施工和运行管理。推进老旧小区节能改造和功能提升，大力推广应用绿色建材，推行装配式钢结构等新型建造方式。大力发展装配式建筑，推广钢结构住宅，到 2030 年装配式建筑占当年城镇新建建筑的比例达到 40%。推广智能建造，到 2030 年培育 100 个智能建造产业基地，打造一批建筑产业互联网平台，形成一系列建筑机器人标志性产品。推广建筑材料工厂化精准加工、精细化管理，到 2030 年施工现场建筑材料损耗率比 2020 年下降 20%。加强施工现场建筑垃圾管控，到 2030 年新建建筑每万平方米的施工现场建筑垃圾排放量不高于 300 t。积极推广节能型施工设备，监控重点设备耗能，对多台同类设备实施群控管理。优先选用获得绿色建材认证标识的建材产品，建立政府工程采购绿色建材机制，到 2030 年星级绿色建筑全面推广绿色建材。鼓励有条件的地区使用木竹建材。提高预制构件和部品部件通用性，推广标准化、少规格、多组合设计。推进建筑垃圾集中处理、分级利用，到 2030 年建筑垃圾资源化利用率达到 55%。

9. 优化绿色交通运输体系

推广街区制，重新定义街区尺，优化街区各类基础、公共服务设施布局，集居住、商业、休闲于一体，形成 5 分钟、10 分钟、15 分钟分级式高效、便利生活圈。打造适宜步行的城市交通体系，建设连续通畅的步行道网络。

10. 构建绿色低碳的城市形态

推动生物多样性保护与山水林田湖草系统治理，优化碳汇空间格局，推进生态绿道和绿色游憩空间等建设，建立通风廊道分级分区管控体系，构建气候友好型城市生态系统。融入本土自然特征的绿色生态空间，引入基于自然的解决方案等理念，推进城市生态修复，提升生态碳汇能力，推动生态修复与固碳提升协同增效。

11. 海绵城市引领绿色低碳改造

以海绵城市理念贯穿设计和建设全过程，协同推进老旧小区改造、黑臭水体治理、排水防涝等工作。结合绿地、水体、道路、建筑及设施的设计，充分发挥绿色和灰色基础设施对雨水的利用。强化微地形设计，合理构建雨水径流通道，因地制宜设计低影响开发设施。

12. 提升县城绿色低碳水平

开展绿色低碳县城建设，构建集约节约、尺度宜人的县城格局。充分借助自然条件、顺应原有地形地貌，实现县城与自然环境融合协调。结合实际推行大分散与小区域集中相结合的基础设施分布式布局，建设绿色节约型基础设施。要因地制宜强化县城建设密度与强度管控，位于生态功能区、农产品主产区的县城建成区人口密度控制在 6 000～10 000 人 /km²，建筑总面积与建设用地比值控制在 0.6～0.8；建筑高度要与消防救援能力相匹配，新建住宅以 6 层为主，最高不超过 18 层，6 层及以下住宅建筑面积占比应不低于 70%；确需建设 18 层以上居住建筑的，应严格充分论证，并确保消防应急、市政配套设施等建设到位；推行"窄马路、密路网、小街区"，县城内部道路红线宽度不超过 40 m，广场集中硬地面积不超过 2 hm²，步行道网络应连续通畅。

6.2.3　绿色低碳乡村建设

通过构建自然紧凑的乡村格局，推进绿色低碳农房建设，加强生活垃圾和污水治理，推广应用可再生能源等工作，全面促进乡村节能降碳。

1. 营造自然紧凑乡村格局

合理布局乡村建设，保护乡村生态环境，减少资源能源消耗。开展绿色低碳村庄建设，提升乡村生态和环境质量。农房和村庄建设选址要安全可靠，顺应地形地貌，保护山水林田湖草沙生态脉络。鼓励新建农房向基础设施完善、自然条件优越、公共服务设施齐全、景观环境优美的村庄聚集，农房群落自然、紧凑、有序。

2. 推进绿色低碳农房建设

全面推行乡村绿色基建，推进绿色低碳农房建设。提升农房绿色低碳设计建造水平，提高农房能效水平，到2030年建成一批绿色农房，鼓励建设星级绿色农房和零碳农房。按照结构安全、功能完善、节能降碳等要求，制定和完善农房建设相关标准。引导新建农房执行《农村居住建筑节能设计标准》等相关标准，完善农房节能措施，因地制宜推广太阳能暖房等可再生能源利用方式。推广使用高能效照明、灶具等设施设备。鼓励就地取材和利用乡土材料，推广使用绿色建材，鼓励选用装配式钢结构、木结构等建造方式。大力推进北方地区农村清洁取暖。在北方地区冬季清洁取暖项目中积极推进农房节能改造，提高常住房间舒适性，改造后实现整体能效提升30%以上。各级政府主管部门应加强对乡村绿色基建的重视和规划指导。一是合理规划，因地制宜，一村一策，根据各乡村人口、经济等因素匹配基础设施数量和规模，由拆除新建转向以对既有建筑的"结构加固＋精细修缮"功能改造，避免过量建设造成不必要的碳排放。二是推行基础设施建设过程中的低碳化管理，在项目规划设计和资金投放上注意引导选择绿色材料、开展绿色施工，以动植物纤维或残渣制成的低碳建材替代水泥，推动木结构、高性能钢结构、高性能纤维复材结构等新型低碳结构在乡村基建中的应用。三是提高工程建设过程中废弃资源的综合回收利用程度，加强基础设施使用过程中的运行管理，提升维护水平，延长使用寿命，将基础设施的碳排放降至最低点。

3. 推进生活垃圾污水治理低碳化

推进农村污水处理，合理确定排放标准，推动农村生活污水就近就地资源化利用。因地制宜,推广小型化、生态化、分散化的污水处理工艺,推行微动力、低能耗、低成本的运行方式。推动农村生活垃圾分类处理,倡导农村生活垃圾资源化利用,从源头减少农村生活垃圾产生量。

4. 推广应用可再生能源

推进太阳能、地热能、空气热能、生物质能等可再生能源在乡村供气、供暖、供电等方面的应用。大力推动农房屋顶、院落空地、农业设施加装太阳能光伏系统。推动乡村进一步提高电气化水平,鼓励炊事、供暖、照明、交通、热水等用能电气化。充分利用太阳能光热系统提供生活热水,鼓励使用太阳能灶等设备。大力开发利用生物质能源,提高农林生物质剩余物综合利用效率,促进农林生物质综合利用向规模化、产业化、集约化、智能化方向发展。

5. 普及清洁、高效、循环的乡村产业发展模式

由相关部门牵头,集合社会资源成立低碳产业发展基金,推动乡村分布式光伏发电、光伏照明、太阳能光热、低碳灌溉、低碳粪便处理等低碳技术应用发展。科学制订种植基地防污计划,实施农药、化肥减量和产地环境净化行动,合理回收农业废弃物。将低碳能源嵌入加工制造过程,提高能源利用效率以及农产品深加工程度,推进低碳化和清洁生产,建设乡村绿色制造体系。

6. 强化乡村低碳管理能力建设

(1)强化乡村低碳管理制度设计,结合乡村振兴战略全面部署低碳能力建设,研究建立乡村参与碳排放权交易、碳税等制度,组织开展乡村碳排放监测、核查和配额分配,逐步建立低碳绿色的长效监管机制。

(2)加强乡村低碳基础研究,建立统一规范的碳排放核算体系,开发精细化动态排放数据库,依托数据平台加强乡村重点排放源、排放环节和碳源碳汇收支的监测与调查能力建设,摸清乡村碳排放"家底";提高乡村碳减排和碳汇技术研发。

(3)创新科学的评价和激励机制,积极探索和挖掘林业碳汇、渔业碳汇项目,改良渔业、畜牧业饲养技术,发挥森林和湖泊生态系统的碳汇功能,增强绿色低碳资源的管理能力。

7. 培养乡村居民绿色低碳意识

培养乡村居民绿色低碳意识,倡导绿色低碳生活方式。试点建设绿色低碳示范村,设置低碳宣传展板,结合乡风文明建设定期开展低碳宣传活

动，营造低碳绿色乡村文化。积极引导乡村消费者由经济"性价比"为主的消费观念转向环境、生态价值为主的消费观念。建立激励机制，开展相关评比选优活动，鼓励乡村居民对废弃资源进行回收利用。加强对村民的低碳农用技术培训，使乡村居民掌握更多低碳专业知识和技术。

参 考 文 献

［1］郗梓添.气候变化对水循环与水资源的影响研究综述［J］.珠江水运，
2016，404（6）：78-79.

［2］张品茹.气候变化与全球生物多样性［J］.生态经济，2023，39（2）：
5-8.

［3］董利苹，曾静静，曲建升，等.欧盟碳中和政策体系评述及启示［J］.
中国科学院院刊，2021（12）：1463-1470.

［4］白永秀，鲁能，李双媛.双碳目标提出的背景、挑战、机遇及实现路
径［J］.中国经济评论，2021，11（5）：10-13.

［5］孙亮，林翎，李鹏程."双碳"目标要求下的标准体系建设［EB/OL］.
（2022-06-20）［2023-07-15］. https://www.cnis.ac.cn/bydt/kydt/202206/
t20220620_53435.html.

［6］郭茹，刘佳，黄翔峰.加快培养高质量"双碳"专业人才，支撑经济
社会绿色低碳转型［EB/OL］.（2022-07-07）［2023-07-15］. https://
m.gmw.cn/baijia/2022-07/07/35868224.html.

［7］周坚.构建服务"双碳"战略的一流人才培养体系［EB/OL］.（2022-
09-28）［2023-07-15］. https://www.ndrc.gov.cn/fggz/hjyzy/tdftzh/202209/
t20220928_1337490.html.

［8］熊焰，王彬，邢杰.元宇宙与碳中和［M］.北京：中译出版社，2022.

［9］汪军.碳管理：从零通往碳中和［M］.北京：电子工业出版社，2022.

［10］戴宝华，王德亮，曹勇，等.2022 年中国能源行业回顾及 2023 年展
望［J］.当代石油石化，2023，31（1）：2-9.

［11］崔荣国，郭娟，程立海，等.全球清洁能源发展现状与趋势分析［J］.
地球学报，2021，42（2）：179-186.

［12］黄素逸.能源与节能技术［M］.北京：中国电力出版社，2004.

[13] 李传统. 新能源与可再生能源技术［M］. 2 版. 南京：东南大学出版社，2012.

[14] 翟绣静，刘奎仁，韩庆. 新能源技术［M］. 北京：化学工业出版社，2005.

[15] 周伟，王雪成. 中国交通运输领域绿色低碳转型路径研究［J］. 交通运输研究，2022，8（6）：2-9.

[16] 张占仓. 科学稳健实施绿色低碳转型战略路径研究［J］. 改革与战略，2022（4）：1-12.

[17] 杨友麒. "双碳"形势下能源化工企业绿色低碳转型进展［J］. 现代化工，2023，43（1）：1-12.

[18] 王刚，张怡，李万超，等. 基于双碳目标的钢铁行业低碳发展路径探析［J］. 金融发展评论，2022（2）：17-28.

[19] 邹才能，薛华庆，熊波，等. "碳中和"的内涵、创新与愿景［J］. 天然气工业，2021，41（8）：46-57.

后　记

实现碳达峰、碳中和是顺应绿色时代发展潮流，推动经济社会可持续和高质量发展的必由之路。"双碳"战略不仅彰显了我国的责任与担当，更是对社会、经济、能源、技术等方面转型升级有着十分重要的影响。实现"双碳"目标，需要政策、人才、技术等方面相互协同和耦合，其中政策是保障，人才是基础，技术是关键。推进"双碳"战略，需要社会大众，尤其是专业技术人才更多地了解"双碳"目标、低碳技术和路径，进而在行动中践行"双碳"战略，形成一支掌握低碳技术的专业技术人才队伍。基于此，上海继续工程教育协会提出在全市专业技术人员中推动"低碳技术基础"继续教育公需科目培训。

为支持开展此项培训，上海交通大学承担了《低碳技术基础》专用教材的编写工作。上海交通大学于2015年7月正式获批国家级专业技术人员继续教育基地，经人力资源社会保障部批准，近年来举办了"新能源综合应用""低碳技术赋能产业转型升级"等专业技术人才高级研修班，在专业技术人员培训领域积累了丰富的经验，为本教材的编写奠定了基础。

为满足课堂教学和学员自学相结合的需要，达成普及低碳技术知识的目标，教材编写人员根据特定教学对象的特点和实际需求，编写了这本《低碳技术基础》。本教材由上海交通大学终身教育学院国家级专业技术人员继续教育基地项目主任林昕、中共上海电气（集团）总公司委员会党校副主任程竹华担任主编。各章编写分工如下：第一章由黄钰（上海环境能源交易所）、施姜光泰（上海环境交易所）编写，第二章由刘登国（上海市环境监测中心）、程竹华编写，第三章由林昕、王彦（上海交通大学）编写，第四章由刘伟军（上海工程技术大学）、张丽华［中共上海电气（集团）总公司委员会党校］编写，第五章由刘伟军、周丽琨（上海交通大学）、牛耀光（上海交通大学）编写，第六章由刘登国、高慧（上海交通大学）编写。全书由主编拟定章节结构并修改定稿。

本教材结合"双碳"战略的时代背景和保障体系等内容，分析了实现"双碳"目标的技术路径和方法，探讨了在能源供给端和消费端等不同类型场景下的具体实践做法，希望能够帮助相关领域的专业技术人员进一步了解低碳技术的应用实践及技术方法。值此书稿付梓之际，我们感谢上海继续工程教育协会在本教材编写过程中提供的支持和帮助，感谢各位编辑人员对教材出版所做出的努力。

低碳技术是一门复合性要求高、实践性强的科学技术，由于时间仓促，本教材从内容到结构或有不足之处，恳请读者和专家不吝赐教，以供我们在修订再版时作为参考，使本教材得以不断完善。

编者
2023 年 12 月